给你正能量的20堂课

Life's Greatest Lessons

[美] 哈尔 · 厄本（Hal Urban） 著　谷永亮 译

東方出版社

图书在版编目（CIP）数据

给你正能量的20堂课／（美）厄本 著；谷永亮 译. —北京：东方出版社，2012.9
ISBN 978-7-5060-5352-5

Ⅰ.①给… Ⅱ.①厄… ②谷… Ⅲ.①生命哲学 Ⅳ.①B083

中国版本图书馆CIP数据核字（2012）第212679号

给你正能量的20堂课
（GEINI ZHENGNENGLIANG DE 20TANGKE）

作　　者：［美］哈尔·厄本
译　　者：谷永亮
责任编辑：夏旭东
出　　版：东方出版社
发　　行：人民东方出版传媒有限公司
地　　址：北京市东城区朝阳门内大街166号
邮政编码：100706
印　　刷：北京智力达印刷有限公司
版　　次：2012年10月第1版
印　　次：2012年10月第1次印刷
印　　数：1—6000册
开　　本：880毫米×1230毫米　1/32
印　　张：8
字　　数：96千字
书　　号：ISBN 978-7-5060-5352-5
定　　价：28.00元
发行电话：（010）65210059　65210060　65210062　65210063

目录
contents

序　言　1

第一章　成功不仅是赚钱　1

生命中最重要的发现　2

成功与金钱　4

成功意味着什么?　7

取得真正成功的潜力　10

第二章　人生艰辛，常有不公　13

生命中最有价值的课程之一　14

生活很艰辛　15

生活中常常有不公之事　19

每日的勇气　22

第三章　生活充满乐趣，甚至出人意料的丰富多彩　25

发现人生的平衡点　26

生活中那些疯狂的事儿　31

爱迪生和爱因斯坦 33
笑声是最好的良药 35
大笑是一种务实的态度 38
把欢笑作为最首要的目标 40
第四章　我们依靠选择而活，而非依靠机遇 43
最广阔的自由，我们最伟大的力量源泉 44
发现你所拥有的选择 46
生活就是一连串选择 48
我们需要作出的最重要的选择 51
我们时刻在作选择 53
第五章　态度是一种选择——一个你一生中最重要的决定 55
当你遭遇“世界末日”时，如何保持积极向上的态度 56
为什么态度如此重要呢 59
你的态度就是你自言自语时的内容 62
三种贴近生活的好方法 64
第六章　习惯是决定成败的关键 71
习惯的力量 72
取得成功的习惯 74
改变习惯 77

习惯和性格 80
第七章 心怀感恩是一种习惯——一种最值得珍视的习惯 83
是什么吸引你的注意 84
珍惜我们所拥有的 89
思考，但别忘了感恩 92
值得我们感激的五件事 95
第八章 尊重他人是立身之本 97
尊重生命 98
尊重的四要素 100
尊重的回报 108
第九章 诚实实为上策 111
最高形式的尊重 112
正直的意义 114
为什么保持诚实那么的难呢 115
不诚实的代价 116
保持诚实的六个原因 121
第十章 赞美他人的话语只花费最小的成本却能带来最大的利益 125
两个朋友的故事 126
最好的技巧 128

从林肯和富兰克林那里学到的知识 130
我自己有什么优点? 132
第十一章　真正的激励来自内心 135
什么是动机，它来自何处? 136
自我激励的三个关键点 138
第十二章　目标就是有时间期限的梦想 147
动机与目标：无与伦比的结合 148
为什么目标如此重要 149
制定目标的好处 150
梦想何时变成目标 151
我最好的建议 154
第十三章　没有什么能够代替勤奋工作 159
勤奋工作的回报 160
成功的共同点 162
成功是否存在捷径? 164
工作与乐趣并不冲突 165
第十四章　有得必有失 169
取得成就的另一个关键 170
先吃苦，后享乐 172
做出选择：你愿意放弃什么? 174
自我约束是一种好习惯 177

第十五章　成功者不寻找时间——他们创造时间 179
一个基本的人生技巧 180
胜利者与失败者：他们如何对待时间 182
我们有足够的时间 183
掌握时间和人生的四个关键 186
最后的提醒 190
第十六章　没有人可以提高你的自尊 191
另一个加州风 192
假自尊？真自尊？ 194
从依靠到独立 196
自尊的构成要素 197
第十七章　大脑和精神如同身体一样，也需要营养和锻炼 201
人生是一个平衡的行为 202
爱惜身体 203
关注我们的大脑 205
关爱我们的精神 208
为什么我们的精神本质经常被忽视 210
变得更完整 211
第十八章　失败了也没什么——每个人都会失败 215
每个人都会经历失败 216

两次有名的失败 216
我们可以从失败中学到哪些东西 218
失败给了我们选择的机会 220
“在跌倒的地方爬起来” 222
第十九章 理解生活的本质，生活才会变得简单 225
几条简单的规则 226
最基本的六条 228
第二十章 最基本的原则是做一个好人 231
做一个好人的简单理由 232
做一个好人是保持情感和精神上健康最必要的因素 233

结论 235
致谢 237

序言

我写作此书的四个原因

1. 学习不分早晚，任何时候开始学习人生中的宝贵经验都不会太早或太晚

我从事教师工作有 35 年了，而且享受着身为人师的每一分钟。可以说我有世界上最好的教学环境——我在一所公立高中教学，同时也给一所教会大学的成年人上课，并且时常给小学和初中的孩子们演说。很早我就察觉到，无论哪个年龄段的听众，都对如何更加深刻地理解人生以及如何更加充实地生活充满了极大的兴趣。从来自小孩子、青年人以及成年人的信件、邮件中，我可以确信，这一点是无可争议的。

圣纳德天罗耀拉（Saint Ignatius Loyola）是世界上最伟大的教育家之一，他曾经说过，只有当我们从意识上做好学习的准备时，才能真正开始学习。我从未见过任何时候有如此多的人不仅有开放的心态去学习，而且愿意重新审视个人的价值观和处事原则。技术的大发展引领了经济的持续繁荣，从而让整个世界发生了翻天覆地的变化。然而，随着网络泡沫的破灭，股票市场的暴跌和经济形势的一落千丈，以及 2001 年的“9·11 事件”，美国遭受了沉重的打击，同时也暴露了人类脆弱的一面，而 2002 年一系列的公司丑闻再一次震惊了美国。

多年来，作为一名研究和教授历史学科的老师，我认为，最困难的时期是促使我们快速成长的绝好时机。令我感到欣慰和庆幸的是，当人们开始探寻什么才是真正重要的事情的时候，往往能在本书中找到正确的答案。

2. 我们无法从学校获知“什么是生活”和“生活的本质是什么”

总体来说，学校完成了教书育人的工作。我们从学校设置的众多课程中丰富了自身的知识体系，并学到一些有价值的技能。但总觉得这些课程中遗漏了什么。那就是告诉学生生活本身的含义，人生如何运转以及生活的本质是什么。而这些都是我们在现实生活中最迫切需要明白的道理。

我们需要这样一个环境——它不仅仅是一个众所周知的用逆境来锤炼学生的地方，而且应当是一个能够教授孩子们相应的技能，进而帮助他们取得成功的环境。我们需要帮助他们获取建立良好的人际关系所必备的态度和技巧，以及树立并努力实现他们的个人愿望，最终实现所有人对自我价值的肯定。

作为一名教育工作者，我深知这一目标需要若干年的努力才能实现。但是我的呼吁石沉大海，没有引起当局的重视，他们更看重学生的成绩以及财政预算。在他们看来，帮助学生们成长为人格健全、品性善良的公民似乎并非学校的职责所在。所以我撰写了此书来填补这一空白，从而帮助我们及孩子们更好地理解什么才是人生中最重要的东西，什么样的品质是值得我们推崇的，以及怎样才算是成功的人生。

3. 大多数人都需要他人的帮助才能意识到自己能够做得更好

几年前，在一个会议上，我听到一位心理学家说，任何人在 18 岁之前至少遭受过 10 万次打击。虽然不知道他是如何得出这个数字的，但我对此一点也不感到意外，因为事实上，我们受打击的机会的确太多了。除了受到来自不同方面的打击以外，新闻媒体对社会和人类各种错误行为的批判，以及每天发生的这些消极的事件，都会对我们的思想产生破坏性的后果。因为我们听得越多，就越容易信以为真。

我的目的并不在于去探究为什么会发生这样的事情，而是要向大家清楚地指出，生活中存在这样一个不幸的事实。我写作此书是因为，我认为我们需要他人的帮助才能将注意力集中到人性善的一面，而非人性恶的一面。我相信世界上的大多数人都是遵纪守法、淳朴善良和充满爱心的人，他们只是没有遇到展示自己善良本性的机会而已，而且做好人并不能引起新闻媒体的注意。我也相信，大多数人都低估了自己的能力，每个人都拥有一些好的品质而自己却没有意识到，每个人都有内在的潜力没有被发掘，每个人都曾遇到过做梦都没有想到过的机遇。当今社会更多地关注负面消息，我希望通过此书的宣传，能够促使人们更多地关注积极乐观的消息，因为寻找生活中的美好事物是人生的一大乐趣。

4. 传统的真理永远不会过时，即便是进入了一个新的时代

在写作本书初稿的前一年，我给一群大学生作了一个名为“成功的真正含义”的演讲。演讲伊始，我指出一些总是被用来指责我们的问题，而我想让他们知道的是，我并不会指责他们。为了让他们明白我的意思，我开始告诉他们我所不具备的东西：我没有成功的“秘诀”，没有获得绝对幸福的“神奇公式”，没有实现美国梦（American Dream）的“惊人高科技”，没有致富和强大的“捷径”，也没有任何“独门绝技”去轻而易举地获得任何想要的东西。

相反，那天我提到，我所具备的正是人类社会长期以来所推崇的价值观，即尊敬师长、善良淳朴、诚实正直、心怀感激、积极进取、勤奋刻苦、信守承诺，以及最简单的做一个好人。我所强调的是，要想取得真正的成功，没有捷径可走，也没有新的路径可以到达。只有真正的付出，才会有所收获。

那天有很多听众一直坚持到最后，令我十分意外也异常欣慰。其中一位听众对我说："其实，您讲述的这些内容我都曾经听过，但是通过您独特的方式表达出来，即便是曾经听过的观点也显得更有意义。您让那些古老的真理重新散发出耀眼的光芒。"紧接着，站在旁边的一位年长的老师说道："谢谢你，我们都需要有人来时刻提醒我们什么才是最重要的，而你做到了。"一位是刚刚开始大学生涯的年轻人，一位是即将结束职业生涯的老教师，而他们俩同时对我给予肯定，令我备感欣慰！正是他们的肯定，促使我作出决定：一定要完成此书的写作。

关于这 20 件事

为什么是 20 件事情呢？其实这并没有什么深层原因。也许是因为写 30 件事显得太多，写 19 件事又显得不太合适，而 20 这个数字读起来恰好顺口，也比较符合我想跟大家分享的内容。请注意，我没有说只需要关注这 20 件事，它们只是人生中最为重要的几件事。至少，是我希望在年轻的时候就已经懂得的道理。可是年近 40 岁，我才明白人生的真谛。也许这 20 件事将会帮助那些正在苦苦追寻人生真谛的朋友找到合适的答案。事实上，我们仅仅简单地明白这些道理还远远不够。知道是一回事儿，怎么样把这些道理活学巧用是另一回事。中国有一句古语说得好：

“不闻不若闻之，闻之不若见之，见之不若知之，知之不若行之。”①

① 出自《荀子·修身》。荀子非常重视实践的作用，他认为道的实践是学习和认知的必然归宿，不闻不见之道，不是真正的仁道，它的实行终将以失败而告终。我们应努力去践履正道，因为道就在我们身边，不去努力实践，仍然达不到目的，再小的事情，不去做永远也不会成功。

如果有人赠送你此书

将此书赠予你的人一定是一个关心你、处处为你着想的人，他也许是你的朋友或者亲人。我们希望把从生活中总结出的宝贵经验传递给每一个人，而这本书就记录了一些重要的经验。赠书人送给你的不仅仅是一件礼物，同时也包含殷切的期望和祝福，祝愿读者能够通过这本书开始思考或者更进一步地了解成功的真正含义及如何获取人生正能量。希望受赠人能够怀此心情接受礼物，并且把它推荐给更多的人。

通过此书，你会看到生活和人性最美好的一面，特别是发现自身的善与美。那是一种自身所具备的正能量和内在美，但是可能尚未被发现和开发。本书将帮你发掘自身潜力，从而实现自我的最高价值，进而充分地享受人生的乐趣。

这正是赠书人对你的最大祝福。

好书如挚友，相伴永久。

——马丁·塔帕（Martin Tupper）

第一章

成功不仅是赚钱

成功意味着用你所拥有的资源创造最大的价值。

成功意味着付出，而不是得到；意味着拼搏的过程，而不是最终的结果。

——戴韦恩

生命中最重要的发现

直到39岁我才明白成功的真正含义。你可能在想我到底做了什么让我在这个时候明白了这个道理？是因为我是世界五百强公司的总经理？或者是第一次开着奔驰回家？还是中了彩票？还是获得了百万富翁的荣誉称号？都不是。事实仅仅是我明白了一个最简单而深刻的道理，我发现了生活的真谛，生命的本质。从此，我改变了以往多年来对此问题的忽视，我开始慢慢地学着去理解什么是真正的成功以及如何为自己创造成功。同时，在领悟这个道理的过程中我也明白了另外两个对我影响至今的道理，即内心的平静以及对自我价值的肯定。而最重要的是，我开始以前所未有的激情去热爱生活，并真正享受其中。

那么究竟什么是成功？难道真的有一套方法可以引导人们走向成功吗？对此，我深信不疑。但是，这种方法不会像商品一样包上精美的包装在电视上推销。因为它既不新鲜也不神秘，更没有魔法般的功能，所以，它卖不出去。相反，它是陈旧的、简单的，甚至可以说是过于纯洁的，但它确实能起到有效的作用。

经过多年的对历史学、哲学以及心理学的研究，我发现生活与成功可以被归结为简单而基础的几条规律，几千年前，这些规律就已经被人类所认识了。我以前所尝试的追求美好生活的几条道路都以失败告终，最终回到最简单且传统的方法上。正如《动物园的故事》中爱德华·阿尔比（Edward Albee）所说："成功与付出并不成正比，有时候，为了取得一小步的进步，你不得不经历更多的失败。"

那么这本书明确指出成功的套路到底是什么了吗？读者能在这20件事当中找到成功的答案吗？我只能说，希望如此。我坚信只要你们能将这些金科玉律运用到你们的实际生活、工作和学习中去，你们肯定能够更深刻地理解成功的真正含义，并且能够亲身体验属于你们自己的成功。正所谓"光阴似箭，学海无涯"。我们对生活领悟的速度远远赶不上年龄的增长速度。但情况也不一定就这么糟，说不定此书就能够帮助你更快地理解我到现在才领会到的一些道理。而且，学习不分早晚，只要你愿意，任何时候开始学习都为时不晚。世界上最聪明的人都是懂得如何追求幸福并享受幸福的人。

成功与金钱

关于金钱是善还是恶这一问题，我们似乎还不能给出确切的答案。当谈及某人很成功时，我们常常会联想到他一定很富有。由此看来，金钱被看做是好的。但有人说金钱不能买到幸福。那么是不是就表示金钱其实是不好的呢？事实是富人常常为公益事业捐献巨款，那么金钱应该是发挥了善的一面，但你有没有听过金钱是万恶之源？这个时候金钱又被看做是恶的了。穷人常常批评富人，但他们自己又渴望成为富人当中的一员。如此看来，金钱到底是善的还是恶的呢？

两者都不是。但由于社会上人们普遍持有将金钱与成功等同起来的价值观，所以这个问题需要进一步的讨论。而有关金钱的价值观也需要重新定义，我们需要用更科学理性的态度来看待金钱。关于这一点我有两点个人看法：

1. 金钱本身并不邪恶

难道《圣经》中真的说过金钱乃万恶之源吗？并没有。《圣经》中说崇尚金钱是万恶之源。这两者是有本质区别的。金钱本身没有任何对错，想要得到金钱也没有任何问题，而那些已经拥有金钱的人也无可厚非。关键的问题在于，如何获取金钱以及获取金钱后如何运用这些金钱。只要取之有道，用之有度，金钱可以成为促进公益事业的重要资源。金钱能够买到幸福吗？那些持否定回答的人基本上都是还没有积累足够多的财富的人。事实上，和贫穷相比，金钱可以买到更多的幸福。珀尔·贝利（Pearl Bailey）就是最好的一个例子，她曾经说过："让我告诉你们吧，我曾经穷过，我也富过，事实是富的生活的确比穷的时候好。"可以说富裕在大多数情况下都比贫穷好，但是财富并不能代表一切。

2. 财富并非成功的唯一标志

20 世纪 80 年代，我们不断读到或者听到有人成为百万富翁，而百万富翁又成为亿万富翁。其中最有名气的一部分人最终都进了监狱。例如，伊万·波额斯基（Ivan Boesky）是当时金融界的风云人物之一，就在联邦陪审团对他提出控诉的前几个月，他还扬言"贪婪是件好事"。他只不过是在公众场合说出了许多人心里的想法：成功和财富几乎是等同的。

现在看来，20 世纪 80 年代人们对财富的追求显得有些近乎保守，与 20 世纪 90 年代相比只能算是“小巫见大巫”。随着网络、股票市场的到来，人们爆发了对金钱前所未有的狂热。我们时常发现世界首富排行榜上不断易主，以及前赴后继的人为了登榜而不惜以牺牲健康、亲情、友谊为代价。并且大多数情况下，为了获得财富和相应的一种生活方式，许多人不惜放弃个人道德准则和基本的价值观。

企业丑闻层出不穷，正如我提到的——安然、安达信、泰科、施乐、世界通讯以及其他一些公司就是最好的例子。以安然为例，作为世界一流公司，它们有世界上最出色的管理者，但却因为他们以不被人接受的方式获得成功，致使公司濒于崩溃。如今，整个安然帝国毁于一旦。《新闻周刊》将这一事件描述为“管理层的贪婪”、“贪婪污秽了整个商业风气”，数以万计的无辜的雇员丢掉了工作，投资者血本无归。

这种情况时有发生，一旦我们失去了对金钱的正确态度，我们的生活就会被这种无休止的欲望折磨而至扭曲。怀着对金钱万能的崇拜，许多人在追逐金钱的过程中迷失了自我，无论是 20 世纪 80 年代为此锒铛入狱的人，还是在 20 世纪 90 年代以及 21 世纪初那些破产的人，他们都只不过是其中的一小部分而已。而那些积累了大量的财富且直到今日还将这些财富管理有道的人士，仍然感到莫名的空虚。汤姆·彼得斯集团（Tom Peters Group）曾经为此做过深入的调查，在他们采访的企业经理人中，几乎超过一半的人感觉多年来自己仅仅致力于取得财富上的成功，到现在看来，自己的生活显得空虚且毫无意义。受访的高级主管中，68%的人承认他们为了追求职业上的成功而忽视了家庭。

仔细想想，这些人都是名利权钱不缺的人，为什么他们的生活还是不幸福呢？那是因为拥有这些东西不等于取得了成功。他们在追逐物质上的财富时，忽视了什么是生活中最重要的东西，他们成为了金钱的奴隶，沉溺于追求金钱与随之而来的享受。为此，他们不仅让自己不幸福，也让别人不幸福。成功不仅仅意味着金钱的获得。过分追求金钱，视金钱万能，将会蒙蔽我们的双眼，使得我们忽视生活中那些使我们的生活变得更有乐趣、有价值和有意义的东西。

成功意味着什么？

伟大的哲学家托马斯·卡莱尔（Thomas Carlyle）曾说过："我们应当让每个个体发挥他最大的潜能。"对于成功的定义我想，没有比这更好的了。我们生活中遇到的种种挑战都是一次次锻炼我们能力的机会，只有当我们发挥出自己最大的潜能，展示出自己最好的一面，到那时，我们才算是一个真正的成功人士。

本章开头的那句引言告诉我们，成功在于付出而非获取，确实如此。我们并不需要在每件事上都做最棒的那个，但我们需要在人生的每个阶段的每一次尝试中都全力以赴。在生活中一些特殊而重要的领域，成功人士是这样做的：

- 成功人士坦然面对生活，顺境不骄，逆境不馁。他们宁愿释然地接受生活中的困难而不愿去抱怨，他们会勇敢的承担责任而不是责怪他人，为自己找借口。不论是在顺境还是逆境他们都会热爱生活，即便生活中有诸多不顺，他们还是积极面对，乐观向上。

- 成功人士培养并保持一种对生活的积极态度，他们更愿意看到并且总是积极地寻找他人的优点和社会积极的一面，他们将生活看成是一连串机会与可能的组合，努力为自己创造最好的机遇。

- 成功人士建立良好的人际关系，他们关切他人的需要与内心感受，考虑周到且懂得尊重他人，和他们在一起会帮助你发挥出最好的自己。

●成功人士对自己的人生有明确的规划，他们知道自己追求什么，他们总是不断地设立目标，完成目标，并享受这种应对挑战带来的快乐。

●成功人士有强烈的求知欲，关于人生，关于世界，关于自己，他们都想认识。在他们眼里，学习是一种乐趣而非任务，他们通过持续不断的学习新知识来提高自己，充实自己的生活。你会发现他们一直在探索，不断的成长。

●成功人士都是行动派，他们勇于承担艰难的任务，并且办事果断而有效率，绝不浪费时间，因此他们往往会顺利完成任务。他们充分利用这一品质，绝不墨守成规，他们总是寻求更多新的体验，因此也不会感到无聊。

●成功人士对个人行为有较高的道德标准。他们深知正直而诚实是一个好人的重要品质之一，他们总能坦诚而真实地面对自己，面对社会。

●成功人士不仅明白存在与生活的差别，而且会选择让自己生活在世上而不仅仅是存在于世上。一分耕耘一分收获，他们积极地向生活付出，因此他们也是生活最大的受益者。

取得真正成功的潜力

现今社会，大部分的人都没有发挥出他们的最大潜力，这很可能是由于他们所处的环境无法激发出他们的这种潜力，甚至可能会阻碍这种潜力培养……整个社会的生产力、创造力以及发展程度取决于每个个体发挥出自己最大的才能与潜力的能力。

——约翰·加德纳（John Gardner）

多年以前，我就把这句名言手书并装裱，挂在教室里了，我想让我的学生以及我自己都时刻受到它的警醒与鼓励，那就是人有无限的潜能，我们自己还有更多的潜力等待我们去开发。约翰·加德纳是美国前卫生部、教育部、福利部部长，以及公共福利事业的创始人，同时还是一位作家。他精辟地说道，我认为大多数人都没能充分发挥他们的潜能是因为环境的影响。我表示同意。我们常常被一些无关紧要的信息所包围，急切地寻找那些通俗的技能而不是认真审视我们自身所拥有的能力。事实就是，如果你不愿去寻找，那么你肯定不会有所发现，而你的潜能就这样一直被掩盖着，最终只能看到自己的局限，却无法看到自己未来更多的可能。

但我们可以看看积极的一面。那就是，一旦我们意识到问题所在，我们就可以采取行动。这也是我在加德纳的引言旁边又加上另一条名言的原因：

值得高兴的是无论你现在处于什么年龄什么状况，只要你愿意，你也可以有一个光明而美好的未来，因为你90%的潜力都未被开发出来，甚至还有些没有被发现的潜力。这不仅是一个好消息，简直可以说是难以置信的好消息！

——蒂姆·汉塞尔（Tim Hansel）

蒂姆·汉塞尔是一位冒险家、演讲家，他撰写并出版过六本书，他每天总是积极地面对生活，谦虚地学习生活中点点滴滴的哲理。蒂姆是我很要好的朋友。几年前，我们还是同事，我跟他一起教授一门心理学课程，我们总是敦促学生们去思考，去认识自己的内心世界——发现自己的优点，并充分挖掘个人的潜能。我们总是鼓励孩子们行动起来，做更好的自己。意外的是，当时这些孩子都已经18岁了，却从未受过类似的教育，没有人跟他们说过这样的话。

大约一年后，我开始将这种教学方法应用到旧金山大学的学生们身上，他们大多是30~40岁，有的稍微再大一些。你猜怎么样？他们也从未受过关于个人潜能方面的教育。有一天晚上，经过一场激烈的课堂讨论，一个47岁的女学生总结道：“您说得确实很对，我们大部分时间都是在做一些走过场的事情，我们压根儿就没有去发掘我们的潜力。”但正如蒂姆所说，我们大部分人都还未充分发挥个人潜力，这是好事。这也是此书推崇的一个主要观点。无论你是年轻还是年老，也不论你只有中学文凭还是博士学位，我们都可以挖掘自己的内在潜力，做最好的自己。如果我们好好审视自我，你会发现你已经具备了所有通往成功的品质。

充分发挥自己的潜能，做回真正的自我，是生活的唯一目标。

——罗伯特·路易斯·史蒂文森

(Robert Louis Stevenson)

第二章

人生艰辛，常有不公

生活就是不断出现问题、解决问题的过程。面对这些困难，我们是要抱怨呢，还是面对呢？

——米·斯科特·派克（M. Scott Peck）

生命中最有价值的课程之一

生活常常并不如意。按照我们的期望，生活应该更轻松、更公平、更精彩，而不应该有痛苦和磨难，我们不必工作，也不必面对死亡，这样我们就可以永远幸福生活下去。不幸的是，我们面对的现实告诉我们，生活并不是我们想象的那样。然而，现实却是一位伟大的老师。生活常常教会我们一些生命中最有价值的道理，即便我们常常是经历过一种痛苦后才懂得。例如其中一条就是：世界不会想办法让我们幸福，我们的幸福要靠自己去创造。

你接受也好，不接受也罢，这是生活中永恒不变的真理，是现实教会我们的生活中最首要的、最有价值的道理之一。关于为什么现实生活如此，哲学家们争论了上千年，但这并非我们要考虑的问题。我们的首要任务是理解现实生活是如何运转的，因为如果你无法全面地理解并坦然接受生活的全部，你就会陷入不切实际的幻想这一怪圈中。你将会继续抱怨生活的不如意，并且幻想着那些永远不可能实现的期望。一旦你懂得现实是残酷的，个人的幸福掌握在自己手中，你就会明白要对自己的人生负责，通过自己的努力去争取幸福。

有人曾经问我："你确定要把这样一些消极的信息放到本书的前面吗？"在我看来，这些并不是所谓的消极的信息，我将他们放在前面是因为这些都是最普遍的真理，而且也是最为重要的信息，如果非要评价我是怎么看待这些内容的话，我会说这些绝对是积极的信息。举例来说，我是在电脑上完成此书的撰写，随着这本书越来越畅销，作为此书的作者我比以前更有成就感了。这主要是因为我花时间去思考去总结了这个经历，整个撰写的过程一点也不轻松（即便在人们看来电脑应该是方便人类使用的），但所有这些努力，包括失败，甚至偶尔的沮丧，从长远来看都是值得的，也是必要的。人生很像学电脑，一旦我们懂得它如何运作，便会从中受益。

生活很艰辛

你是否看见过车尾贴着："生活如此辛苦——所以我们死掉了？"第一次看见这个标语的时候我禁不住笑出了声。后来我就在想为什么我会觉得如此好笑呢。我想应该是那种出其不意的惊讶，那种一想到某个陌生人的车尾有一句生活中的至理名言正直视着我。而我想象中这类话应该是要在某本书中，通过一个古老的哲学家的口说出来。

事实上，这句话确实出自某个远古的哲学家，因为他是第一个说出这句话的人。大约 2 500 年前，佛祖曾经总结过四圣谛。第一条就是“人生而受苦”。他可能是第一个将这句话写出来的人，但我猜想在这之前人们应该早就明白这个道理。因为人类最早的祖先的生活应该也是相当辛苦的。生活从来都是很艰辛的，过去是，将来也是。

在广受欢迎的《少有人走的路》（The Road Less Traveled）一书中，作者米·斯科特·派克，作为一位精神病医生的第一句话就是“生活是辛苦的”。派克将这一道理视作最为重要的生活哲理之一，因为他坚信一旦我们理解并认同这个观点，那么我们会生活得更加充实。面对困难，我们不再抱怨，而是寻找解决的方法。而如何面对生活中的困境正是区分成功人士与失败者的主要标志之一。失败者要么逃避困难要么忽视困难，而成功者坦然面对困难并努力解决，即便这个过程会经历痛苦和折磨。正是不断地面对问题、解决问题，使得我们的生活变得更有意义。

而大多数人，无论什么年龄，他们的问题在于他们根本不理解或者不愿意承认生活必定会辛苦这样一个事实。他们排斥这种艰辛，而不是坦然面对它们。他们总有牢骚可发，总是向他人抱怨他们面临的问题有多大，试图说服自己他们所面临的困难是最大的。他们总认为自己的困难很特殊，自己总是比别人生活得更辛苦。事实上，抱怨并不能解决任何问题，相反，抱怨只会让问题变得更糟，因为抱怨有一种扩大影响效应，向他人抱怨其实是试图将自己的问题抛给别人，是一种不愿接受现实的态度。

前不久，我遇到一个以前的学生，他现在已经 20 多岁了。在向我讲述了他的近况后，他又说道："我很高兴您曾经是我的老师。"听到这样的评价，我自然很高兴，但我也很疑惑。我很好奇这些学生在毕业几年后，能记住课堂上的什么内容。于是我问他为什么会有这样的感慨，他笑了笑，回答道："因为生活是艰辛的。"他告诉我自从高中毕业以后，这句简单的话，曾经帮助他走过很多艰难的岁月。接着他告诉我，他是什么时候第一次听到这句话的。

那时他刚进高中，在我的一门世界研究课程上，我给他们布置了一项很有难度的作业，我提醒他们我将会要求他们完成两项任务，而很少有老师会给学生布置这类任务，那就是：思考和工作。稍微抱怨了一下，他们便开始着手准备了。大约过了一半的时间，有人说道："这太难了。"我一如既往地回答道："生活本就不易。"之后我们热烈地讨论了许多话题，包括哲学、生活、工作、痛苦、喜悦以及成功。如今，毕业多年以后，那个学生很可能已经不记得马来西亚的首都在哪里，但他明白了生活不易这个道理，更重要的是，他坦然地接受 这个事实。

一旦我们学会正视生活不易这个道理，我们才能算是真正成长了。到那时，你才会明白每次困难其实也是一次机遇，因为只有当面对困难的时候你才会更深地挖掘自己，认识真正的自己。我们开始直面生活中的挑战，而不愿被这些挑战打败，我们将这些挑战视为检验个人品质的试金石，同时总结经验以应对更大的困难。

同时，我们也要明白现实社会不会总按照我们的预期发展。例如，随着科技的发展，我们进入了互联网时代，一个几乎任何需求都可以通过按钮来实现的时代。仅仅通过按相应的按钮，我们就可以轻松地打开车库门，做饭、洗碗，录制我们喜爱的电视节目，付款等。并且，我们时常被告之几乎每一件事都可以用一种更快更便捷的方式实现。就在前几年，掌握这一方式需要花掉上百元英镑。我开始学习掌握一门流利的外语，努力把自己培养成一种人见人爱的个性，取得承包商执照，或者在房地产行业赚大钱。你很容易就能够实现上述的情况，仅花少许的精力甚至不费吹灰之力。如果真这样，猪也能飞了。

我们的生活中充斥了种种类似的广告，为什么呢？因为广告部和市场部的人熟练地掌握了人们的行为模式。他们深知大多数的人都不愿面对生活本就不易这一事实，并且妄想找到一种更快速更便捷的成功方法。在前一章中我就提到，成功人士能够坦然面对生活的本来面貌。要做到这一点，其中很重要的一步就是，懂得真正的成就不会轻易而迅速地取得。成功都是有代价的，没有时间、汗水、牺牲以及痛苦的付出，一个人不可能获得真正的成功，因为生活本就不易。

生活中常常有不公之事

哈罗德·库希那（Harold Kushner）曾经将自己描述为一个“被生活所伤”的人，1981 年，他写了一本书，书名为《当坏事发生在好人身上》（*When Bad Things Happen to Good People*），他认为如果生活是公平的话，那些曾经被生活所伤的人值得获取另外一些美好的东西。这本书迅速成为 20 世纪 80 年代几乎人手一本的读物。它之所以被奉为经典是因为它试图谈论并解决一个古老而永恒的话题："为什么?"或者更进一步说"为什么是我?"就库希那的情况来说，他完全有资格发出这种无奈的呻吟。他的儿子亚伦（Aaron）在 3 岁时就诊断出患有早衰症候群，直至 14 岁离开人世，他一直饱受病魔的折磨，而他的家人则在感情上承受着极大的痛苦。这样看来，亚伦和他的家人都应该得到有更好的结局才是。

不幸的是，生活常常是不公平的。这很可能是最残酷最艰难的事实，但我们必须试着去学习并接受。好人也会发生不幸的事情，有时候厄运降临到他人身上，有时候那个不幸的人就是我们自己。事实是，这种不幸经常在我们完全没有想到的时候就那样突然发生了，并且，就在那些在我们看来最不应该受此待遇的人身上发生了。正如《圣经》中所说，世界是公平的，任何人都可能发生任何事，那些善良的与邪恶的，正直的与卑鄙的，他们都生活在同一片蓝天下，享受着阳光的照耀和雨水的滋润。所以我们常常听见有人说："这不公平。"有时候，你很难说服自己为什么这个世界是这样的。

我不想给大家造成一种误解，当悲剧发生后，我们就应该对自己说："事已至此，只好这样了。"然后无忧无虑地继续以后的生活。没有一个人可以做到那样。而另一个极端，我们也无法让生活没有一丁点儿痛苦，我们唯一能做的就是学会如何有效地处理这些困难。正如我的好友蒂姆·汉塞尔在《连续跳舞》一书中所说："磨难是必不可免的，但悲惨与否是个人的选择。"我们可以用积极的态度与方法去应对生活中的这些困难，来使自己免受悲惨的折磨。我们要坚定信念绝不被这些困难打倒，我们要学着坦然面对生活中的这些困难，并从这些磨难中成长。

本杰明·富兰克林说过："吃一堑，长一智。"我想这也是为什么我们经常听到有人说生活中最痛苦的经历也是最有价值的经历。当经历磨难时，无论是身体上的还是精神上的，不要仅仅是自怨自艾，最重要的是从这些痛苦的经历中总结经验，汲取教训。磨难的确能教会我们一些道理，但你必须怀着诚恳的态度向它学习。一旦你心甘情愿的主动向生活学习，向困难学习，你会发现自己变得越来越明智，越来越强大。真正的成功取决于你如何面对逆境：是畏缩的逃避还是勇敢地面对，是被它打败还是从中成长，是向它投降还是与之搏斗取得最终胜利。

我们生活在一个并不完美的世界，我们总会遇到一些并不完美的人。任何人都不能向你保证一个没有痛苦没有失望的生活。也没有人能够承诺你一个绝对安全并且能自己掌控的生活。但也不必担心，因为你并不孤独，我们和你一样处于这样的困境，每个人都会经历人生中的不公平，并且承受这种不公带来的伤害和损失。问题的关键不在于是否人人都会经历这些不公平，而在于他们是如何应对这些困境的。成功人士绝不会逃避生活中的不公，他们总是坦然地面对并且学着如何妥善处理这些困境。

这应该就是为什么许多人将莱茵霍尔德·尼布尔（Reinhold Niebuhr）著名的“宁静之祷”挂在家里或者办公室里的原因。祈祷词如下：

上帝啊！

请赐我平静，让我去接受不能改变的一切，

请赐我勇气，让我去改变我所能改变的一切，

请赐我智慧，让我去分辨两者的不同。

每日的勇气

我们的选择决定了我们是什么样的人，而不是拥有什么。一部分人靠外界条件或他人来塑造自我，当外部环境顺利的时候他们也会取得相应的成就，一旦环境变得不那么理想，他们也就一下没有立足之地了。他们无法掌控环境，而是把自己的未来交予世间万物来决定，例如星星、命运、上帝、风。这些人始终没有明白这样一个道理，当

我们面对逆境的时候，我们还是可以选择：是向命运投降还是勇敢地面对，完全取决于自己。

面对现实生活的种种困境需要有足够的勇气。温斯顿·丘吉尔将勇气视为一种先决条件。他认为：“勇气是人类所必需的首要品质，因为只有具备了勇气，才有可能具备其他品质。”他并没有泛指那些与名人或者重要历史事件联系起来的勇气——而是日常生活中的勇气。没有人天生就具备这种品质，也不是只有才能出众的人才能培养这种品质。和许多事情一样，勇气就是一种选择，一种面对生活的态度。沮丧的时候，告诉自己沉下心来，审视自我，用心去发现内在的力量让自己勇敢地面对。只有通过这样的选择才能让我们成为一个真正完整的人。

伟大的神学家、《存在的勇气》（*The Courage to Be*）的作者保罗·田立克（Paul Tillich），在去世前不久，曾被邀请谈论一下这本书的主要思想以及他是如何理解生活的勇气的。田立克说道：“真正的勇气就是无论遇到什么困难与磨难都能勇敢而积极地面对生活，因为这些苦难正是人类存在的一部分。”只有心怀勇气生活的人才能最终发现生活的真谛与自我存在的价值。唯有如此，才能完全接受生活本来的面目，更重要的是开始完全懂得生活，并享受其中。“热爱生活几乎可以说是勇敢的最高表现形式”。

生活充满艰辛，且常常不公。但这并不意味着我们不能从中享受美好、回报与愉悦。而对这些美好的追求值得我们积极面对生活。

如果让我给全人类一句最有益的忠告，我会说：坦然地面对困境是生活不可分割的一部分，当你遇到困难的时候，抬起你的头，勇敢的直视它，并且对它说，“我比你勇敢，我绝不会被你打败。”

——安妮·兰德丝（Ann Landers）

第三章

生活充满乐趣，
甚至出人意料的丰富多彩

大自然给予人类的众多恩赐中，尽情欢笑几乎可以算得上是最宝贵的一个。

——诺曼·卡森斯（Norman Cousins）

发现人生的平衡点

既然我们已经讨论过现实生活中两个极其沉重的话题，现在我们来看看生活中轻松而愉快的一面。我们应当感激那些让我们保持平衡的事物，那些使我们免受因巨大压力而崩溃的事物，那些我们用来让自己保持理智的事物。我说的正是另一条伟大的真理：人生需要乐趣。我们需要玩耍，最重要的是我们需要笑声。生活总是不易而且时常不公平，但这并不意味着我们的生活总是让人难以忍受。也不意味着我们不能享受其中，幽默能让我们的生活变得更有趣。

一天早晨，当我坐在书桌旁边撰写此书的时候，我像其他作家一样开始怀疑自己是否有自虐倾向。写作是我做过的最辛苦、最令人沮丧的工作，然而我还是继续在写。我为什么要给自己施加那么多痛苦呢，我完全可以让自己做一些更轻松愉快的工作，我问自己，就像是在清理心理垃圾一样，就在这时电话铃响了。我接起电话，一个女人的声音问道：“珍妮特（Jeannette）在吗?”我回答道：“她不住在这里了。”“她什么时候搬走的?”她继续问。“难道你不知道吗，珍妮特搬去玻利维亚了。她到那里去学习印第安人的结婚仪式。”我回答。听到我这样的回答，她有些怀疑地问道：“你在开玩笑吧!”我回答道：“是的，我确实是在开玩笑，因为你肯定打错电话了。”她说了句：“你这个人太奇怪了。”之后就挂了电话。

虽然在我们通话的过程中，她显得有些烦躁。但我肯定她挂电话后会觉得我们之间的对话挺有趣的。至少我是乐在其中。而且我敢肯定当她最终找到珍妮特并且告诉她我们这段有趣的对话后，她俩一定都笑得很开心。至少我在想到她们对话的场景时，我着实笑了一阵儿。

事实上，我还在想她有没有再给我打电话告诉我印加人住在秘鲁，而不是玻利维亚。但我觉得她应该不会有此一举。她和珍妮特应该有更有意义的事儿要谈。

举这个例子的目的是想说明，当我们陷于生活中的困境时，我们需要有别的事情来让自己分散注意力，而最好的方法就是幽默。我花了很长时间才明白这个道理，那就是幽默是我们维持健康平衡的生活不可或缺的元素。我花了多年时间认真研究个人的心理发展和个人成就，最终明白了一个道理那就是不要太跟自己较真儿。

20 世纪 70 年代，国内掀起了一股称之为“个人成长运动”的风潮。这股风潮由人本主义心理学家，也称之为古鲁宗教师引领，数以万计的人们开始挖掘自身的内在潜力。该运动的目的在于实现个人潜力的充分发挥。大多数人几乎都不知道这样的目标到底代表什么，但听起来却是不错的。它是过去十年心理呓语领域的重要发展阶段。人类潜能心理学流行起来，人们开始花大量的精力寻找属于自己的空间，发现自己，定位自我。各类培训团体也应运而生，例如会心团体，即人际敏感性培训课程，在这里大家都戴着面纱互相告诉对方你是如何评价对方的。学习马赫西（Msharishi）瑜伽风格的超然冥想（你只需带上一块白色手帕，一些花以及适当的现金就可以），罗尔夫按摩治疗法（但我并不认为这需要将人抛起来），电休克疗法（在这里，人们会被称作混球并且不允许上卫生间），沟通分析（你可以从中学会分析自己处于什么状态）；吸食大麻，泡热水澡，裸体按摩，许许多多类似的疗法。看看这些方法，你会觉得看起来都特别的愚蠢。似乎人们都陷入了一种病态的追求个人发展的状态中。鉴于我曾经也是这类人当中的一员，所以我可以对此娱乐一番。唯一不足的是，我到现在为止也没学会罗尔夫按摩疗法。

和许多人一样，我随大流加入到这场流行风气中，主要是因为我总觉得缺少点什么。我努力寻找一种更充实的生活，但个人成长运动并没有帮我实现这个愿望。这种方式逐渐变得越来越昂贵，令人疲惫，而且还很严肃。可以说是过于严肃。事实上，它带来的坏处远远超过它的好处，因为这逐渐让我觉得负担很沉重。之后发生了一件意想不到的有趣的事情。在那段时间里，我看了两部电影，尽管和我孜孜不倦地追求个人涅槃的过程没有任何关系，但这两部电影对我的成长的影响比那些所谓的成长经历加总起来更有意义、更持续。请大家想想，只花了两张电影票的钱和四个小时的时间，我就有此收获，试想如果我早些知道这样，我就可以给自己省去多少麻烦啊。

第一部电影的名字叫《希腊左巴》（*Zorba the Greek*），讲述的是两个男人左巴（Zorba）和鲍思（Boss）的故事。鲍思有 100 多公斤重，他非常聪明、健康、富有，而且受过良好的教育，但他总是将自己封闭起来，他看起来是一个并不热爱生活的人。他时常阅读思考，但并不快乐。他努力地寻找自己缺失的那部分。有一天左巴告诉鲍思："鲍思，你什么都有了，就差一样——疯狂。一个男人有时需要疯狂一些，如果你永远不剪掉那根拴住你的绳，你就永远也不会享受自由。"后来，左巴教会了鲍思跳舞，教他大笑以及懂得放弃。

另一部电影的名字叫《一千个小丑》（*A Thousand Clowns*），讲述的是默里（Murray）和他 11 岁的小侄子尼克（Nick）之间的故事。尼克是在默里身边长大的，默里对尼克的最大的担忧就是希望他不要成为一个什么都不是的诺曼人，就是那种在别人看来，直到死去都是默默无闻，没犯什么大错的人，这类人对待生活特别严肃以至于他们自己都忘了怎么样去享受生活。而他想让尼克尽量经历更多，并且尽可能地给世界增添精彩。最重要的是，他希望尼克可以静下心来，学会观察周围的世界，培养一种能够感知周围世界的快乐能力。

我们当中的大多数人都需要有一个像左巴或者默里这样的人，时刻提醒我们不要陷入停滞的状态，不要过于紧张地生活，也不要对自己太严肃。请不要误解我将默里或者左巴当作盲目的小丑，相反，我认为他们所代表的是一个很有意义的角色。他们知道生活不易，且时常不公平，但他们懂得唯一能让自己在这样的环境中生存下去的原则就是要懂得自娱自乐，时常去发现生活中的快乐。一旦我们有意识地去找寻这类欢乐我们就能收获想要的。《美国滑稽家庭录像集锦》之所以逗得人捧腹大笑就是因为我们从中看到了自己。它向我们展示了真正的生活是怎么样的。生活可以很有趣，我们日常生活包含了点点滴滴的欢乐，我们缺少的是一双寻找的眼睛。正如默里说过，我们需要一双寻找的眼睛去“寻找普通生活中的快乐”。

生活中那些疯狂的事儿

在撰写此章的过程中，我收获了非常多的乐趣。我几乎读了所有我能找到的心理学方面的书籍、文章，又阅读了谈论幽默喜剧的资料，之后我又开始回想我的朋友做过的那些疯狂的事情。在回忆的过程中我享受了极大的愉悦，以至于我都没有办法开始认真写作了。以下是一些聪颖的人的生存经验，看看他们是如何时不时在生活中制造一些疯狂的举动来让生活更有趣的。

蒂姆·汉赛尔在第一章提到过，他毕业于哈佛大学，曾经撰写过六本书籍。他是一个有哲理、有灵感、爱冒险且很有内涵的人。同时，他还有点荒诞。当他感到很郁闷的时候，他就会用自己特殊的方法来释放，他会大声地喊出超人呼叫信号。就是我们所熟悉的：“看啊，是鸟儿！不是，是飞机！不是，是超人！加油加油！”到目前为止，这听起来可能没那么好玩儿，我还要补充一点：蒂姆是倒着念这些词的！听起来就是：“Kool，s'ti a dirb！On，s'ti a enalp！On，s'ti namrepus！Pu，pu，dna yawa！”这样你还能不笑吗。你觉得愚蠢吗？是的，我也觉得这很蠢，但我同时觉得这很有趣。几年前，我曾经听他给一群商人作演讲，期间他问他们是否生活得开心，以及他们给周围的人带去了多少欢乐。然后他问他们是否可以像他那样倒着喊出超人呼叫信号。大家都疑惑地看着他，于是他又重复了一遍刚刚说的话，并且倒着喊出了超人呼叫信号。大家听了之后笑得前俯后仰，以至于他花了近五分钟才让大家停止下来继续他的演讲。

我的另外一个朋友，拉斯·塞兹（Russ Sands）已经60出头了，在旧金山一家出名的保险公司担任执行经理。他受过高等教育，开着一辆宝马轿车，穿着剪裁合身的职业装，经常在世界各地出差。他不仅是一个顾家的好丈夫，同时他也热衷于慈善事业。换句话说，他非常的世故而老练。同时，他也是我所认识的人当中极度幽默与疯狂的人之一。他把那些有趣的东西称为“一声号叫”。而在他看来，几乎每件事都可以算作号叫。他总是穿着高帮的帆布篮球鞋和另类的服饰。他以前最喜欢的玩具就是大众的一个系列产品——一款看起来介于吉普和土地巡航之间的军用风格的汽车。现在他的新爱好是哈雷－戴维森摩托车。

他总是作出一些古怪的表情来逗自己和朋友们开心。

几年前我在一个会议上认识他，当时一个女人对他说了一些让他非常震惊的话，他看了看那个女人，断然说道："换一个脖子吧！"我很好奇发生了什么事，但我永远不会知道其中的原委了。几年以后回想起来还是让我觉得很好笑。他最近的一个古怪的口头禅就是"是时候赢回来了"。这听起来本来也是一点逻辑没有，但他说出来的那种语气与方式让人听起来就是那么有趣。他就是这样一个工作非常认真辛苦，并且时常处于高强度压力下，但却懂得如何让自己适当放松的人，至于他的这些古怪而滑稽的表达是否真的那么好笑并不重要，这正是幽默的真正含义：出人意料，毫无预期，荒谬古怪。

爱迪生和爱因斯坦

我们很难将托马斯·爱迪生和阿尔伯特·爱因斯坦跟幽默和玩笑联系起来。但事实是，他们两人都是在一系列重要而严肃的工作中认识到那些不那么重要的工作的重要性，并且由此取得了伟大的成就。他们在很早的时候就明白了这样一个道理：长时间过度劳累的工作和高强度的思考会给人带来更多的伤害。这也是为什么工作的人需要适当的休息，学生也要懂得劳逸结合。当我们长时间地思考一些严肃而复杂的事情时，大脑会处于一种过度紧张的状态，而幽默和玩笑就可以消除这种紧张感。

爱迪生可以坚持长时间的不间断工作，以及能够承受无数次失败的打击几乎是一个传奇。而他是如何让自己在取得这些重大的科技成果之前保持一种精力十足的状态的，却几乎无人知晓。他在自己的实验室里摆放了一张简易的小床，一旦累了他就在上面休息一会，他知道只有当大脑处于平静舒适的状态时才能有创造性的思想火花。爱迪生还发现幽默能让自己的大脑真正放松。为了记住上百本笔记本中的那些科学公式，他甚至在好几本笔记本上写满了笑话。他发现喜剧性的调剂对他和他的助手来说都很有用。他把这种喜剧性的幽默作为紧张工作的调剂和一种信念的支柱。后来他总结到，那些可以一起欢乐的人能够保持一种更长久更积极的合作状态，并且效率也更高。

试想当我们想到阿尔伯特·爱因斯坦时大家会联想到什么呢，天才？光辉？物理学家？相对论？应该是都有吧。但就爱因斯坦自己来说，他认为生活的本质在于简单，有梦想，愉快。他说过，“一切应当尽可能的简化”。他曾向普林斯顿的学生说过，他之所以对物理学如此着迷是因为在他看来物理规律的本质就是简洁明了。爱因斯坦就是通过幽默的思维来把复杂的事情变得简单。那些对爱因斯坦的生平有过研究的人肯定会震惊于他是如此幽默风趣的一个人。他常常用一些奇怪的想法和数字来开玩笑，因为他认为他所期望的成果最终会通过这样一种轻松娱乐的方式取得。我们可以看出爱因斯坦向我们展示了一个道理：幽默是让生活变得简单的有效方法。然而随着年龄的增长我们逐渐失去了这种品质。

笑声是最好的良药

数千年以前，一个叫所罗门（Solomon）的智者记录了许多著名的格言并著书为《箴言》。其中一句是："欢快的心情是最好的良药，忧伤的心灵让骨骼枯干"（《箴言》第十七章第二十二节）。当今，美国最著名的杂志之一《读者文摘》每月都会推出一个栏目名为"一笑解千愁"。欢笑有治疗的功效是否有科学依据呢？答案是肯定的。

直到最近一段时期，医学界才发现笑声有令人惊奇的治愈功能。而这个发现并不是出自一名医生或者医学研究者，而是一位名叫诺曼·卡森斯（Norman Cousins）的病人，同时他是《星期六评论》（*Saturday Review*）的一名作家。1964 年，诺曼被诊断出患了一种与结缔组织有关的重症，专家告诉他，他只剩几个月的生命，而他能够存活下去的几率只有千分之二，他并不接受。卡森斯生存的意志非常顽强，他决定用自己的力量去战胜病魔。他设计了一个程序，这个程序要求人们每天都要保持积极的情绪，包括信心、爱心以及希望。卡森斯认为和其他那些治疗方法比起来，这些积极的情绪相对更容易实现：那就是欢笑。但是，当得知自己得了绝症而且没有多长剩余时间时，怎么笑得出来呢？

但卡森斯做到了。他研制出这个系统的程序，要求所有使用这个程序的人每天保持一定量的发自内心的欢笑。他从刚开始时看一些复映的、用老式袖珍相机拍摄的影片，到马尔克斯兄弟公司制作的影片，任何他能获取的，能够让他发笑的他都看。后来，当他在《疾病剖析》一书中回忆自己的治疗经历时，卡森斯说道："这个方法确实有效。我很庆幸自己在这个探索的过程有如此重要的收获，每天十分钟发自内心的大笑减轻病痛对我的折磨，并且大笑过后能让我安安稳稳地睡两小时而不会因疼痛而痛醒。"从那时起，医学实验就证明欢笑是最好的良药，这种看似圣经般的理论其实是有心理学依据的。正如19世纪的幽默大师乔西·比林斯（Josh Billings）说过："药品里面并没有多少让人愉快的东西，但欢笑却包含了好多好多的药效。”

在他以惊人的速度恢复健康后，卡森斯继续研究这种积极的情绪是如何影响人的身体系统的。最后他去了加州大学洛杉矶分校医学院深造，对于一个没有医学博士文凭的人来说，这相当不容易。同时，他还写了一本《疾病剖析》的续集——《勇往直前：希望的生物学》（*Head First：The Biology of Hope*）。在这本书中，卡森斯更加细致完整地描述了大笑在生理学上的意义，特别是最近几年关于此类问题的研究概况。他用了一整章的内容来写大笑的作用——笑声的连接性。这里我就不赘述关于他是如何证明大笑是最好的良药的一系列科学证据，我就简单归纳一些卡森斯和他一起研究的医生们的共同成果。如今已经有明确的证据表明大笑可以有效地缓解疼痛，并且大笑可以加强呼吸作用，产生一种类似吗啡的分子——内啡肽，增强体内对抗疾病的免疫细胞，减少压力，刺激内脏，提高血液的循环。卡森斯说道：“在这个问题的研究上，我们已经做了大量的实验，投入了巨大的人力资本，结果显示大笑确实对身体健康有益处。”越来越多的科学证据表明了《圣经》中的格言“一颗快乐的心犹如一剂良药”。

卡森斯是那些开始将大笑与康复联系起来研究的先驱之一。他首创性的探索与研究成果在医学界内外都多次被引用。最著名的要数伯尼·西格尔（Bernie Siegel）医生和派茨·亚当（Patch Adams）医生。他们两位都做了大量的关于幽默的力量以及希望在康复过程中的作用的研究成果。如果你没看过《*Patch Adams*》这部电影，我建议你赶紧看。片中的场景可能有些陈旧，但却给人温馨、有趣的感觉，并且内容极具科学性。

大笑是一种务实的态度

如果所有这些积极的情绪，包括大笑，能够帮助我们更快地从病痛中恢复，那么想想如果当我们身体健康时也能保持积极的情绪那该有多好。一分预防胜似十分治疗，我们应该在日常生活中保持一颗愉悦的心，常常笑出声来。如果说忧伤的心灵让骨骼枯干，我们就要用大量的笑料来填充这颗心灵。关于大笑的益处，最有价值的研究成果就是它能增强免疫系统。大笑不仅具有提神、振兴的作用，还能抚慰烦躁的心灵，减少紧张感，舒缓脾气，激发创造性，简而言之，它使得生活更加有趣。欢笑如同生活中的调剂品，它具有排解烦恼、舒缓心情、同时又让人精神振奋的力量。他给予我们力量，使得人重新变得有生气。并且，它也是生活中的润滑剂——减少日常生活中一些令人沮丧的事情带来的负面影响。最后，欢笑在感情关系中创造奇迹。有人曾说欢笑是人与人之间最短的距离，欢笑能够把人紧密联系在一起。“你笑，世界同你一起欢笑。”

在《一千个小丑》的众多经典镜头中，其中有一幕是默里问他的兄弟阿诺德（Arnold）为什么现在不再做那些他年轻时候经常做的疯狂的行为，就像有一次他穿着一套花俏的西装，戴了一顶帽子，夹着公文包，穿着轮滑鞋去上班。阿诺德回答道：“我不愿再做这类恶作剧了，如果你是这个意思的话……”听到这话，默里一下跳了起来，抓住他的双手，大喊道，“对了，务实的，只有务实我们才能生存！弟弟，如果事情本身并不有趣的话，那么他们就仅仅只是一件事情而已。如同你和牙医的约定一样，时常会被其他更吸引你的事情所打断，例如迟迟不行动或者瞌睡。”

事实上，欢笑不仅是务实的表现，它也是生活中最基础的东西，是个人心灵健康的主要表现。适时地从残酷的现实中抽身出来，让自己喘息，是人类最本质的需求，例如表现得像个白痴，哄堂大笑，以荒唐为乐，看卡通片咯咯地笑，听笑话，讲笑话，看喜剧片，做一些古怪的事情。古老的格言中蕴藏着深厚的智慧，“智者总会时不时流露出荒唐可笑的一面”。

把欢笑作为最首要的目标

我并不是说你必须在生活中像唐老鸭或者马戏团小丑那样才能获得欢乐，你不必穿着红色的高帮篮球鞋，也不必喊出超人呼叫信号。每个人都有自己独特的个性和风格，所以获得欢乐的方式多种多样。然而，无论你是什么性格的人，你都需要保持一个充满幽默与欢乐的情绪。

几年前我才明白，我一直生活得太严肃，太较真儿了。事实上，如果说严肃的对待生活是一场奥林匹克运动赛的话，你现在肯定能看见我的头像出现在美国谷类公司的产品包装盒上了（暗指获得比赛冠军，与美国谷类公司签了代言合约）。有一天，我的一个好朋友告诉我，我过得太辛苦，我似乎将全世界的压力都挑在自己的肩上。他问我这样的生活是否快乐。就在这个时候，我看了上文提到的两部电影。从左巴那里我学到了我要在我的生活中时不时补充一些疯狂的东西，而默里则告诉我拥有一颗敏感的心去发现我们周围所有的幽默。这并不表示我已经变成了一个狂放不羁的人，但欢笑确实成为了我生活中至关重要的东西，几乎和食物、睡觉、空气一样重要。我不能想象一天没有欢乐的生活会是怎样。

刚开始可以在家里试试，能够自娱自乐也是很重要的，想想那些你曾经做过的最愚蠢、最粗心大意的事情。你知道吗，你还会反复做类似的事情，这都没有关系，重要的是不要迷失了内心对这些事情的幽默感。懂得自娱自乐的人才会懂得欣赏别人带来的欢乐。

如何获得真正的快乐，关键在于寻找。俗语常说：寻找就必寻见，而你也会在这个过程中收获幽默与快乐。我已经迫不及待地要开始新的旅程了。

笑一笑，凡事好。

——马修·格林（Matthew Green）

第四章

我们依靠选择而活，
而非依靠机遇

上帝不会询问你是否接受生活，这并非我们可以选择的，你只能选择接受，唯一的差别在于你如何接受。

——亨利·沃德·比彻（Henry Ward Beecher）

最广阔的自由，我们最伟大的力量源泉

你是否意识到大多数人一生中一直抱着这样的想法，那就是他们只能在电视指南上推销的那些或者麦当劳菜单上写着的那些选择中作出决定？你是否知道大多数人都认为自己的命运主要取决于各种外部情况，运气或者星球排列的方式？这一章的目的就是让你了解这些人所未知的东西，因为有太多人没有意识到，更不会利用我们如此广泛的自由，而广泛的自由也是我们力量的源泉。那么什么是最伟大的自由呢，什么是力量的源泉？是我们的选择。

直到我大学三年级的时候，我才开始真正领会选择的重要性。我的课上发生了一件事情，使得我完全改变了对生活的看法。那时我在一所教会学校——旧金山大学念书，我每学期都必须选哲学课。耶稣会在天主教中一直重视哲学的社团。而在进入社会以前，他们要教会我们如何思考。他们确实做到了。我们每天都被要求思考上帝、人生、世界以及我们在所有这些外物中的位置。我们还要写

下对生活的意义的认识，以及个人存在的价值。我们讨论什么是对什么是错，什么是善什么是恶。听起来都是些很沉重的话题，但却是很有意义的训练。我们学会了怎么样更好地理解生活，接受生活的本来面貌，以及如何让自己的生活更充实，我们确实这样做了，学习怎么样思考。

那天，我们正在讨论上帝的存在性，对此我们以前讨论过好几次。这时，我的一个同学向老师提出了一个尖锐的问题，他问道："如果上帝那么好那么强大，为什么还让人类受到各种各样的折磨呢？为什么他不将我们创造成永远拥有健康和幸福的人类呢？"这个问题我曾听无数人问过，而老师似乎早就准备好回答这类问题，当听到学生有这样的疑问，他回答道："如果上帝一开始就将我们创造成你说的那样，那我们不就成了彻彻底底的玩偶了吗，那样的话我们的命运完全被上帝掌握，我们自己却毫无力量。确实，我们可以不用再受痛苦与艰难的考验，但如果失去了为克服困难而努力拼搏的精神，我们又怎么能体会到真正的胜利与欢乐的感觉呢？那样的话，我们就失去了寻找自己存在的价值与意义的动力，我们会变得如同设计好程序的机器人般愚蠢。而上帝却没有那样残酷地对待我们，相反，他给予我们自由，给予我们生命去经历生活，让我们自己决定将要怎么样度过一生，他赐予我们自己掌握命运的力量。”

选择的自由，选择的能力——这是多么好的生活哲理啊！然而，不幸的是没有多少人能意识到这种自由的重要性，更不用说利用这种能力了。我曾经为自己大学期间对此道理的后知后觉而愧疚了好几次。可悲的是，我们还没有达到将所学的知识活学活用的程度。我记得就在几年前，我还为自己的生活完全处于一种消极沮丧的状态而责备环境、不好的运气或者归咎于他人的过错。后来我偶然发现了本章开头提到的那句亨利·沃德·比彻的名言，我一下子意识到，我本来就有自由的意志，我的不幸不是由于环境、运气或者他人所致，而是我自己选择的结果。我不能控制事情如何发生，但我能够选择当事情发生后如何回应。当我学会为自己的不幸承担责任，并且为自己更好的未来负责时，生活变得更美好了。

发现你所拥有的选择

你是否知道其实人类和动物只有细微的差别？不管是家里养的小狗，还是动物园里的大象，抑或是安第斯山脉上的山羊，你都会发现他们做的几乎都是一样的事情，吃饭、睡觉、寻找歇息地、繁殖，这些都是他们的本性，他们就是靠这些生活。他们唯一的目的就是生存下去。他们总是面对偶然，并且受环境限制，这也是为什么他们容易被人类驯服。

我们人类自身又有什么不同呢？我们也有相同的身体组成部分及功能，我们也有相同的基本需求，以及求生的本能。同动物无异，我们对周围发生的事情做出回应，并且我们总是让自己被周围的环境所限制。不论我们自己是否愿意承认，我们人类也是很容易被驯服的。而唯一的区别在于，我们不一定要这样，我们可以有其他的选择，有不一样的人生。人类拥有的不仅仅是本能，我们还有选择的能力，而这正是人类与动物的本质区别。如果我们不运用这种能力，我们也就无异于动物了，仅仅是生存下去。我们没有真正的生活，而仅仅是存在。

想要获得一个更美好的生活第一步就是要认识到我们有选择的能力。可悲的是，多数人并不这样做。他们所生活的地方是世界上最自由的国度，然而他们却生活得像囚犯一样，受现实环境的束缚。我常常惊讶于一些人用这样蹩脚的理由来说服自己不去抓住生活中那些可以为自己带来更多选择的机遇：没有足够的资金，没有时间，时机不对，运气不好，糟糕的天气，太累了，心情不好，等等。事实是他们根本没有发觉自己是能选择的。就如同自己被困在某个地方，而那把能够让他们自由的钥匙就是自己的兜里，但却永远不会用那把钥匙释放自己，因为他们根本不知道钥匙在自己兜里。其实，每个人拥有的选择能力远远超出了能够想象的范围。问题的关键在于要意识到自己拥有这种能力——它和我们的日常生活时刻联系在一起。是选择而非偶然决定命运。发生什么并不重要，关键是我们如何对发生的事情做出回应，我们的思考和行动才是最重要的。

生活就是一连串选择

对生活的一种看法就是它是一连串选择的集合体。事实上，这是我能想到的一种最健康也最惊险刺激的方式来面对新的一天。我们从早晨起床到晚上上床休息之间，我们无时无刻不在作决定，如果你没有，那么一定是某个人或者某件事情正在替你作决定。

我先前提过我们每个人都有潜力去创造一个更充实更美好的生活。每个人都有能力去不断地自我提升，取得更多的成就。实现这一切的先决条件是，意识到我们拥有广泛的选择的能力并最终作出最明智的选择。只有我们作出自己的选择，我们才会收获满意的结果。看看你周围的人，他们都过着怎样的生活？没什么新鲜的。而不管这些人是否意识到自己的状态，这都是他们自己选择的结果：选择接受现实，选择听之任之，选择安于现状，选择让别人替自己作决定，选择存活一天是一天。

人们犯的一个最大的错误就是他们认为生活就是一大堆“不得不做的事”。不得不工作，不得不上学，不得不去商店，不得不理发，我们必须生活规律，以及许许多多其他的不得不。而事实上我们并没有任何不得不做的事情，有些事情可能很重要，需要及时完成，但并不是必须做的。

我常常惊讶于当我告诉别人任何事情你都可以选择做或者不做时，他们总是强烈反对我的观点。他们完全陷入了“不得不做”的生活哲学，很难改变这种固有的思维。我最近在给高中的高年级学生上选修心理学课，我将这个理念教给了他们，我对他们说“你们选择了今天早晨来学校上课”。我在心里用我自己一个月的薪水做赌注，我肯定能猜到第一个回答的同学会说什么。事实却也如此，一个我很喜欢的学生回答道，“怎么可能，我们是因为不得不来……”“不是的，”我回答道，“你到学校来是你自己选择的结果。”然后他一口气列举了所有可能会发生的可怕的事情，如果他不到学校来的话：学校会给家长打电话，回家后自然会挨骂，还可能会被禁足，如果被副校长抓到了，还会影响自己的学分，等等。当他列举完后，我对他说，“你说得太对了！这正是你作了选择的表现，你选择来学校上课而放弃了承担不来学校上课的一系列后果。其实你仍然可以选择不来学校，你的好些同学就选择了不来，出于各种各样的原因，他们今天就没有来上课，可能是想多睡会儿，可能是想今天给自己放个假，可能去买甜甜圈吃了，但你选择了来上课。”

接着他说了一句正好是我想要总结这堂课的内容的话，“这仅仅是另一种看问题的角度。”“非常感谢!”我激动地说道。“这正是我想让你们理解的道理——那就是用这种态度去面对你们每个人每一天的生活，把它看作是自己选择的结果而不是一些不得不做的事情。”任何时刻，我们都可以自由选择思考什么，做什么。上帝给予我们自由的意志，没有人能够夺取你的这种权利。任何时候我们都能够改变生活的模式，因为不管你做什么，都是自己选择的结果。你可以说我们必须做什么或者我们被要求做什么，但事实是所有我们做的事情都是自己选择的结果，这确实是一个伟大的发现。因为一旦我们意识到所有的行为都是自己选择的结果，我们就会更好地对自己的生命负责，并且更好地掌握自己的未来。我们的选择决定了我们是什么样的人。在我的高中班、大学班里，我总会被问及这样的问题，“我们必须……？”例如，我们必须掌握这个吗？我们必须完成这部分作业吗？我们必须使用完整的句式吗？我们必须阅读这些文章吗？我们必须明天交作业吗？而我的答案永远是“不是必须，你自己决定”每次新学期开学，新的同学听到我这样的回答都会露出疑惑的表情，偶尔还能听到一些善意的讽刺。通常我会补充几句：“生活中没有你必须做的事，但你有需要做的事，而其中最重要的一件你需要做的就是接受教育。”到最后，关于这点我们基本达成了共识，这种有趣的回答也成了学生们用来开玩笑的笑料，因为后半学期他们总会用这样的语气向我提问，“我们需要……？”我非常喜欢这样的改变！因为这表明他们的观念有所转变，而这确实是一种更健康地看待生活的态度，它提醒我们你是有选择的。没有人强迫你生活下去，你自己选择生活下去。

我们需要作出的最重要的选择

降临在这个世界并不是我们所能选择的，而人终会离开这个世界也不是你我能决定的。然而，介于生与死之间的阶段，我们称之为生活，却给予了我们无数的选择机会。基于社会的本质，我们有一些明显的选择。例如，我们可以选择朋友、职业、生活方式、政治立场、信念、居住地、开什么车、听什么音乐。然而，还有一些不那么明显但又极其重要的选择需要我们作决定。关于这类选择，我们要么还未意识到，要么就是没有在这些问题上多想。然而，在这些问题上的态度决定了我们整个生活的质量。基于我对生活的理解，我认为以下几件事是我们必须认真思考的选择：

- 我们可以选择做一个什么样的人。我们可以任由环境和他人来塑造自己，也可以致力于自我发展。我们可以安于现状，也可以充分挖掘自己的潜能，做最好的自己。
- 我们可以选择自己的价值观。我们可以完全让媒体来引导我们的思维，我们也可以自己判断。我们可以通过别人的行为来确立自己的行为标准，我们也可以用真善美来作为自己的原则。
- 我们可以选择如何对待他人。我们可以放之任之，我们也可以伸出援助的手。我们可以自私自利，不管别人的感受；我们也可以学会尊重他人，助人为乐。
- 我们可以选择如何面对逆境。我们可以让自己被困难打败而垂头丧气，我们也可以寻找内心的力量去坚持面对，发挥生命的极限。
- 我们可以选择学习的高度。我们可以把学习当作烦人的义务，我们也可以把它视为一条提升自我的重要途径。我们可以选择封闭的思维还是开放的思维；我们可以停滞不前，也可以不断发展。

- 我们可以选择人生的成就。我们可以让现实环境或者他人来决定我们的成就，也可以自己选择人生的方向与目标。我们可以毫无纪律且懒惰，也可以自我要求严格且勤奋努力。

- 我们可以选择自己的信仰。我们可以忽视我们的精神世界，也可以把它视作生活中不可或缺的一部分。我们可以追求物质上的享乐，但也可以有更高尚的追求。

- 我们可以选择自己存在的意义。我们可以漫无目的地生活，也可以不断探索生命的意义，然后为之奋斗一生。我们可以为了自己奋斗一生，也可以寻找一个更伟大的事业，一个可以让我们更深刻地感受并充分理解生命的意义的事业。

- 我们可以选择自己的态度，不论现实环境如何。在我看来这是我们所作的选择中最重要的一个，因为它会影响我们生活中的每一个细节。关于这点我会在下一章详细阐述。

我们时刻在作选择

因为我们从不利用这些潜力，我们的大部分潜力都被白白浪费掉了。如同放久了不用的电池会慢慢腐蚀掉，久了不锻炼的肌肉会萎缩。大多数情况下，我们不能很好地利用选择的权利，因为我们并没有意识到这种选择的存在。然而，我们的日常生活中充满了各种各样的选择。我们可以从生活中小的方面开始尝试改变，或者我们可以通过做一些不同的决定来改变我们的退休生活方式。我们可以学习如何更有效率地应对现实环境与人际关系。事实上，只要我们意识到自己有选择的能力并且有足够强烈的愿望去改变现状，我们几乎可以改变任何我们以前做事的方式和态度。

理解这一切的关键在于明白这样一个道理，我们无时无刻不在作决定，而我们自己就是一系列选择的结果。我们无法决定什么事情会发生在我们身上，但我们可以选择如何回应。我们有能力克服困难，冲破逆境。我们有能力克服消极的环境因素，因为我们有自由的意志，选择的自由，以及作出选择的勇气。人类生来就不是靠偶然生存，我们的一生是我们选择的结果。

一个人所拥有的最伟大的力量在于其选择的能力。

——科马丁（J. Martin Kohe）

第五章

态度是一种选择

——一个你一生中最重要的决定

只有一样东西是我们不能从另一个身上剥夺的，那就是：在任何情况下，自由选择自己的态度的权利。

——维克多·弗兰克（Victor Frankl）

当你遭遇“世界末日”时，如何保持积极向上的态度

在我 29 岁的时候，我的生活支离破碎，一团乱。那些我曾经以为只可能发生在别人身上的事情发生在了我自己身上，我和我的妻子离婚了。尽管现代社会离婚并不是什么少见的事情，但离婚所带来的伤害与折磨是显而易见的。我曾经见过那些离婚后生活彻底乱七八糟的人，我也很担心自己会成为其中一员。尽管最初的伤痛让人痛不欲生，但更糟的情况还没出现。在我得知一个男性不能够抚养三个小孩子后，我失去了孩子的抚养权，孩子和他们的母亲住在离我 400 多公里远的地方。这件事情上我毫无发言权。当时，我处于极度的痛苦之中，我感到不仅是上帝，连社会司法系统都对我非常的不公。这是真的吗？我到底做了什么让我遭遇这些？

在我慢慢地从痛苦中走出来，理顺自己的生活的过程中，一个朋友送了我一份他认为可以帮助我摆脱这种状态

的礼物，是一本维克多·弗兰克写的《寻找意义的旅程》。这本书对我的帮助是难以形容的，我十分珍惜这本书，反复读了又读，并且还推荐给其他朋友。读了这本书并没有让我的婚姻恢复从前，也没有让我的家庭回到原来的样子，但却改变了我看待自己所处状况的态度。这是我所学到的最珍贵的道理之一——一个人如何看待一件事比事情本身更重要。

在我痛苦的挣扎过程中，我还了解到其实弗兰克教授所经历的境况比我更糟。然而，正是通过自己的意志以及思想的力量，他克服了这一切的困难。弗兰克是第二次世界大战期间纳粹集中营的几百万犹太俘虏之一，希特勒政权几乎剥夺了他的一切：妻子、孩子、家园、医疗实践以及所有的财产。在集中营里，他经历了各种形式、惨绝人寰的人类退化过程，他亲眼看着自己的几个朋友在集中营被害，他也目睹了许多人选择了自杀，另一些人则失去了生存下去的意志，等待死亡的降临。弗兰克后来写到，经过了这么多残酷和折磨，真正让他纠结的是看着自己的同伴逐渐失去生活的信念，放弃对生活的希望。

他决定挖掘自己仅存的那些不能被纳粹剥夺的东西，那些可以让自己保持生存信念的东西。于是他发现了：他可以选择自己的态度，不管自己的境况有多糟糕。维克多

·弗兰克不仅在这场战争以及集中营的暴行中幸免于难，他还成为了世界上最受尊敬的精神病学家。他告诉那些已经放弃生活希望的人，可以选择积极地活下去，并且可以继续寻找生命的新的意义，从而帮助了成千上万的人重新拾得生存的意志。

在他看来，在任何境况下都能自由地选择自己态度的能力是“人类自由意志的最后体现”。即便是在狱中，他也一直坚信我们是有选择权利的。“每一天，每一个小时，我们都可以作决定，决定是否要屈从于威胁剥夺你内心自由的强权。”弗兰克说，我们可以选择作环境的牺牲品，或者我们可以战胜他们。我们可以重申我们的自由与尊严，让现实膜拜我们，或者我们可以选择自己的态度。关键在于，你必须明白我们的内心信念与态度决定了我们是什么样的人。

在那本书以及朋友的帮助下我彻底改变了对自己境况的态度。我的状态从以前的失败与阴郁中转向了乐观与充满希望。我告诉自己无论遭受多大的打击，我都要坚强地面对，否则就只能等着被打败。

同时，我也下定决心一定要想办法和我的儿子团聚，我从不怀疑这一天终会到来。就在我离婚两年后，我的三个孩子又都回到了我身边。我通过自己的努力争取平等权利，证明了一个男人也是可以抚养三个孩子的。虽然这并不是我理想中的家庭状况，但这已经是当时情况下最好的结果了。当遇到困难时，不自怨自艾，相反努力地寻找那些值得感恩的事情或人来支持我们勇敢地坚持下去。这个过程非常的艰辛（生活本就不易），但我们感到很幸福，这主要归功于我们有积极的态度！

为什么态度如此重要呢

在上一章的末尾我写到，保持什么样的态度是我们一生中最重要的决定，因为这将影响我们生活中的每一个细节，包括哈佛大学等几所知名大学的研究结果都证明了这一点。20 世纪 90 年代末期，当我在斯坦福学习一门叫做“最好的表现”的心理学课程时，我读到过几篇文章，都是在强调态度的重要性，远远超过了智商、教育、天赋或者运气。作者最后得出结论，我们的成果有 85% 归结于正确积极的态度，而只有 15% 是靠能力取得的。虽然我们不能给出具体的数字来说明这个观点，但任何一个研究过人类行为学的人都会赞同端正的态度意味着成功了一半。美国最务实且最受人尊敬的心理学家威廉·詹姆斯（William James）曾经说过：“我所在的时代里，人类最大的成就在于发现通过改变态度，我们可以改变整个人生。”就连乡村音乐歌手小汉克·威廉姆斯（Hank Williams Jr.）也唱过，只要我们保持一颗平常心态，我们就可以面对任何困难。至此，弄懂态度的真正含义就显得尤为重要。

态度是一种精神面貌，是内心的火焰。我们的态度反映了我们的思维方式，它反映了一个人内心对自己，对他人，对环境，以及对生活的想法与感受，类似人的情绪或者性格，同时也是一种期望。那些总体上来说态度比较积极的人看问题会更加积极乐观；那些持消极态度的人总是朝坏的方面想，而大多数情况下，事情的结果正如当事人事先预期的那样。

大家所熟知的广播员兼作家南丁格尔（Earl Nightingale）就将态度比作“思想的反射”。每个人内心想的东西千奇百怪，但都可以通过我们的言行表现出来。不仅如此，态度也像是一块磁铁，我们会不知不觉的被它带入一种思维，无论这种思维是积极的还是消极的。心有多大舞台就有多宽，因为我们对自己的预期决定了我们朝着一个特定的目标方向不断努力，从某种程度上说，这就好比一种因果关系：积极的态度取得积极的结果，消极的态度取得消极的结果。那些最终取得成功的人多半是怀着成功的预期。这类人他们习惯了将事情的结果朝好的方向预期，而他们也懂得只有当自己相信自己能够做到时，才能够最终实现愿望。

第二章的中心思想就是，世界不会想方设法让每个人都幸福，它的存在并不是为了让我们快乐，更不会主动满足我们的需求和欲望。我们必须培养自己保持这样一种态度来时刻提醒自己，我们只有调整自己来适应这个世界，但同时也相信我们的需求和愿望仍然可以通过我们自己的努力得到满足。而要保持这样一种态度的第一个要求就是要培养一种积极而现实的人生观。我们没办法改变环境来完全适应我们的生活，但我们却可以调整自己的态度来适应任何外部环境。我们号召大家学习这样一种态度是因为，无论什么性质的态度，好的也好，坏的也罢，都是通过后天习得的。没有人天生就怀有一种特殊的态度，那都是随着时间的累积而慢慢形成的。我们现在所处的状态就是我们对自己态度选择的结果。如果你对自己的现状不满意，并且想要有所改变，第一步就需要摈弃原有的态度，然后学习一种新的态度。

我从弗兰克的书中获益最大的就是明白了，人既可以保持一种积极向上、促进自身提高的思维，也可以有一种消极萎靡、阻碍自身发展的思维。这些思维与想法可以成为我们最好的朋友，也可以变成我们最大的敌人。它们可以为我们提供一种积极的视野，增强我们的吸引力，并极大地提高我们取得最终成功的几率。而另一方面，它也可以让我们对任何事情都保持消极的观点，让我们与别人隔离，并使我们成功的希望变得越来越渺茫。这也就是为什么我说态度的选择是一个人一生中所作的最重要的选择。

你的态度就是你自言自语时的内容

如何你是一个普通人的话，我敢肯定你和其他人一样经常自言自语。虽然我不确定是否有人对此做过调查研究，据我估计当我们独处的时候大部分时间我们都会和自己对话。这可能是因为我们倾向于一些愉快的谈话，或者就是喜欢和聪明的人有更多的交流。无论原因是什么，我们都是在和自己对话，我们的思维，感情都是在我们与自己对话的过程中形成的，并且最终我们以这些想法和感觉来指导我们的行为，我们的态度就是与自己对话的结果。

几年前，当我在寻找一些关于态度的独到观点的时候，一个神秘的书名吸引了我，叫做《自言自语时，你应当说什么》（*What to Say WhenYou Talk to Yourself*），作者歇德·赫尔姆斯泰特（Shad Helmstetter），不仅是一位自我管理专家，而且是世界各类组织、公司的咨询师。这本书的确写得非常好，包含了一些关于如何培养健康的态度的很好的建议。赫尔姆斯泰德认为正确的态度是有效管理任何事情的关键要素——例如一个组织，你的职业生涯规划，一个家庭，或者是一个人的生活。这主要是因为态度对我们所做的每件事都有影响。一个人态度的改变会给他的生活带来翻天覆地的改变。不仅是小威廉姆斯认为我们需要时不时地调整自己的态度，在赫尔姆斯泰德看来，即便是很小的态度的改变也会对我们选择做什么事与做事的方式产生巨大的影响，他认为态度的重要性可以被形容为我们能否成功的决定性因素。“正确的态度让我们拥有这种重要的优势。”他说道。

赫尔姆斯泰德坚信好的态度是拥有一个美满的生活的必要条件，他的理由是：

你的态度要么促使你朝着成功的方向前进，要么让你一直陷于失败的状态。一个人的态度是我们行为处世的立足点，在我们走的每一步中都体现它的作用。我们可以通过一个人的态度来认识这个人，因为通过态度可以看出这个人为人处世的原则。我们的态度使我们富裕或贫穷，幸福或不幸福，充实或不充实。态度是我们每一个行为决定唯一的起决定性作用的因素。我们自己和我们所持的态度紧密地结合在一起，我们的态度就是我们自己，我们自己也就是我们所持的态度。

三种贴近生活的好方法

打高尔夫的人知道取得比赛胜利的关键在于你触球的方法，飞行员也明白顺利着陆的关键在于把握好降落的节奏跟方法，律师也知道要赢得一场诉讼的胜利，关键在于博得陪审团的青睐。贴近的意思就是做好准备，为了取得某件事情的成功而先完成那些成功所必需的基础的步骤。正确的贴近的方法为我们最终的成功创造了条件，从本质上来说，我们的态度就是我们贴近生活的方式，而这种方式已经决定了我们未来的成功与否。

通过总结所有我经历过、读过、听说过以及亲眼见过的事迹，我认为有三种较好的贴近生活的方法，这是我们一生所有选择中最重要，也是最好的三个。我敢肯定只要你将这三种方法尽可能多的应用到生活中去，你会发现更多的成功就在你周围。

1. 培养一种开放的思维

开放的思维是自我发现的开端，只有当我们认识到自己并非万事皆通，我们才能学习新的知识。

——欧文·G. 霍尔（Erwin G. Hall）

我在大学时辅修哲学，因此我的许多课程都需要我对问题比以往有更深的思考，事情起源于一门关于逻辑的课程。教授告诉我们学习逻辑课程的目的在于培养我们直线思考与全面考虑问题的能力，最终能够通过合理的论据得出可靠的结论。他告诉我们他将要培养我们养成一种良好的思考习惯，然后他说了一段我永远也不会忘记的话："如果你们不能带着开放的思维来到课堂上的话，那么我什么也没法教给你们。事实上，只有当你们学会了怎样保持一颗开放性的大脑，你们才能学到真正的知识。"

当然，事情并没那么简单，我们还会遇到很多问题。例如，我们才刚刚高中毕业，在进大学之前我们从未学习过如何思考，我们甚至都不知道什么叫做开放性的思维。我们的教授是一个智慧而友好的基督教徒，他告诉我们"开放的思维其实就是一种态度，真正有开放性思维的人不会认为自己什么都懂，而这正是许多人存在的问题，他们学到的不多却认为自己懂很多，很多年轻人也是自己知道的并不多，却认为自己什么都知道。如此，他们的思维就是关闭的，再也接受不了任何新的知识，他们成了那一类自认为无事不知的人，这样的态度就是一生中最可怕的错误选择”。

同时，他希望我们理解开放的思维并不等同于脑袋空空。他着重强调开放的思维可以看作一种态度，或者是一把开启学习和个人发展的钥匙。在他看来，教育的根本在于开启学生的思维而不是用各种具体的知识去填充学生的大脑，我们学习的知识越多，越能感觉到自己知识的匮乏，这样的状态就是我所说的开放的大脑。一个开放的大脑能够帮助我们更全面地看待事物，更深刻地理解事物，以及更加清楚自己的局限和不足。

这是一门非常棒的哲学入门课程，同时也是学习如何正确思考的很有益的课程。到现在我还记得教授在最后那堂课说的那句话：“即便你们没有学到任何别的知识，我希望你们记住这一件事，那就是：用一种开放的思维去思考。”

2. 独立思考

不要让你周围的环境强迫性地塑造你。

——《罗马书》第十二章第二节

不要怀疑，这个世界就是这样，你周围的环境极尽其能地想要把你塑造成它想象的那样。当圣保罗（St. Paul）

给他的朋友提出这条建议的时候，那个年代还并没有现今社会上如此之多的华而不实的手段。不需要任何特别的努力或者甚至你都没有注意到，我们就陷入了一种盲目一致的生活：跟追大众，随波逐流。换句话说，就是让别人替我们思考，替我们决定。我知道这样的感觉有多么的轻松，因为我也曾经历过这一阶段，就像是陷入了一个循环，不断地追随跟风者，永远不知道下一步会去哪里。

如果说我们有选择的能力是我们与生俱来最伟大的自由的体现，同时也是力量的源泉，那么我们怎么能够轻易地放弃自己独立思考的权利呢。这是如此珍贵的资源，以至于在我们的生活中，媒体，广告界，甚至其他一些人都试图替他人思考。一旦我们放弃了这种权利，立刻就会被这些人夺走。而事实上，我们是有选择权利的，如果我们认真地关注周围的环境，我们就能够筛除那些垃圾信息，只保留那些有用的信息来为自己打算。我们可以选择独立的思考，继而选择自己的信仰、价值观，以及优先事物。我们能够做正确的事情而不仅仅是大家都做的事情。

拉尔夫·瓦尔多·爱默生（Ralph Waldo Emerson）其中一篇非常著名的文章叫做《自力更生》（*Self-Reliance*）。文章有力地阐述了独立思考的重要性。在他看来，即便早在19世纪40年代，大部分人也是通过选择“追随主流社会的观点”来保持一种更为轻松的生活方式。但如果我们这样做了，我们就相当于放弃了自己所有的权利。我们必须不断提高完善并珍视个体的独立性，而不是让他人或者别的某些事情来决定我们将成为什么样的人。如果我们让别人替我们思考，我们就永远无法体会到爱默生所说的我们思想的完整性。在文章的结尾他写道“没有什么能带给你平静，除了你自己。没有什么能带给你安宁，除了坚持自己的原则。”

3. 有建设性的思考

会思考的人都知道所有今天的成就与失败都是自己思想的结果，而自己未来则是建立在当前的想法和思考的基础上。

——威尔弗雷德·阿兰·彼得森

(Wilfred Arlan Peterson)

积极的思考有用吗？并不尽然，但至少比消极的思考更有建设性作用。事实上，他们都只能在一定程度上起作用。他们仅仅是我们能否实现预期结果在情绪上的表现。积极的思维有一个漂亮的光环，但对于大部分人来说这仅仅是一个愿望而已，这也就是为什么它常常并尽不如人意。积极的思维必须在虔诚的信仰的帮助下才能实现满意的结果。信仰是一个心理上和精神上的过程，它比普通人所认为的积极的思维有更深的含义。那些生活中取得成功的人并不认为自己能成功，他们坚信自己一定能成功。这样一种对自己的确信并不是源自积极思维的一些独立事件。这是长时间积累的结果，是内生发展的结果，最终这种确信就变成了一种生活方式，如同习惯一样自然。

这就是为什么我选择用建设性的思考这个词。尽管和积极的思维类似，但我们也必须考虑到没有人能够时时刻刻、百分之百对自己确信不疑，这是绝对不现实也是不可能的。有建设性的思考者也会有消极的想法，但只是作为提醒自己的辅助想法而并不会被这种想法所缠绕。相反，他们会培养自己拥有积极的想法来帮助自己完善品质，最终实现个人成就。

最近这些年，人的大脑常常被用来和电脑比较，可以说两者都是神奇的工具，但他们都只有在输入了正确的信息后才能更顺利地运行。电脑程序员有一个缩写词叫 GIGO："垃圾进去，垃圾出来。"大脑也是如此，只有输入最有用的信息才能最有效率地运行。建设性的思考者知道这一点，所以他们在选择信息时会相当谨慎。同时，他们也很注意尽量将垃圾信息排斥在外，这是一种有效的培养正确的思维的方式。

选择的能力，特别是选择自己态度的能力是我们通向成功的最重要的资源。我能给大家的最好的建议就是用开放的思维去思考，独立思考，有建设性的思考。

你的生活在很大程度上并非取决于生活给你带来了什么，而是取决于你对生活抱有什么样的态度；并非在很大程度上取决于在你身上发生了什么事，而是取决于你如何看待所发生的事。

——约翰·霍默·米勒（John Homer Miller）

第六章

习惯是决定成败的关键

事实是，成功者和失败者的唯一区别在于他们的习惯不同。

——欧格·曼迪诺（Og Madino）

习惯的力量

我们都是习惯的动物。多年以来，我一直听到这样的古语。我从未听见有人怀疑过此说法，大概是因为这句话确实很正确吧。事实上，我们比普通人想象的还要更贴近习惯的动物。一些心理学家认为接近95%的人类行为都是通过习惯形成的。尽管可能会有人对这个确切的数字表示怀疑，但我相信没有人会反对“我们的习惯对我们有很大的影响”这个观点。这些习惯都是潜移默化地对我们的言行产生影响。起初这种影响很小，如同一根看不见的线，随着时间的堆积，这条线逐渐缠绕，越来越多，慢慢变成一股细绳，最后变成一条绳索。我们每重复一个行为，我们就在不断地强化这种行为。这条绳索会慢慢地变成一条锁链，一根电缆。最终，我们的习惯就是我们自己，我们自己就是我们一连串的习惯。正如三百多年前的诗人约翰·德莱顿（John Dryden）说过：“起初是我们自己形成习惯，后来我们的习惯塑造我们自己。”

关于习惯的原始含义是“服装”或“一件衣物”。和衣物一样，我们每天都携带着我们的习惯。我们的个性其实就是我们的态度，习惯和外貌的组合。换句话说，我们的个性就是那些能够定义我们的性格特征，那些我们在他人面前的表现。正如我们的衣物一样，所有我们的习惯都是后天习得的，我们不会天生就带有某种习惯，我们通过学习获得习惯，正如我们的学习态度一样，通过时间的累积而逐渐形成并通过反复的重复而得以强化。

我的目的并不是要向大家阐述人类是如何获取习惯以及获取习惯的原因。我只是想指出我们都是有习惯，并且受习惯影响的人。习惯是人类的一部分，没有人能够不拥有习惯。我不会建议人们拒绝形成习惯，因为这也是不可能的。我会鼓励他们去思考他们已经形成的习惯。无论是否喜欢自己已有的习惯，我们都受习惯的支配，它们要么为我们所用，要么阻碍我们的发展。

我认为问题的关键在于，我们对于强调养成好的习惯的重要性的力度还不够。我们唯一能够听到“习惯”和“好的”这两个词出现在同一个句子中的时候，就是当老师教育我们要养成好的学习习惯时。如果好的习惯能够让我们在学校取得成功，那么它也会帮助我们在生活中的其他领域取得成功。但不幸的是，坏习惯常常会引起我们更多的注意，而这只会强化坏习惯。我们需要将注意力转移到好的习惯上去，并且努力培养自己养成好的习惯，想到这些好习惯所带来的益处能够帮助我们顺利地形成这种习惯。

取得成功的习惯

从高中开始，我就深知养成良好习惯的重要性，但这都不是在教室里学到的，而是从篮球场上学到的。我极度热爱篮球，我喜欢那种将球投入篮筐并穿过的感觉。我高中的一位篮球教练却告诉我，篮球并不等于投篮，它还包括很多方面，例如：步伐、防守、占位、篮板球以及传球。当我刚进高中的时候他就告诉我，如果我想继续在大学里打球，那么我必须将自己培养成为一名专业球员，在各个部分都必须提高，而不仅仅是一个投手。他告诉我，“你只能通过学习正确的运动技巧，然后不断地重复练习这些动作来提高自己的水平。你练习得越多，掌握得越熟练，真正到了球场上才能发挥得更好。只要你平时练习保持良好的习惯，一旦需要你发挥实力的时候就会自然而然地表现出来。”

他就是通过这种方式告诉我，篮球并不仅仅是一种有趣的游戏。平时的练习非常辛苦，不断操练，将每一个动作熟练到条件反射程度，以及各种各样的艰辛。某一天当我们在练习最厌烦的一个动作技巧时，为了强调让我们不断地重复一个动作，他对我们说："我希望你们平时能够不分时间地点地重复这个动作，即便你们在睡觉的时候也别忘了。"而时至今日，我还能够记得那个动作怎么做。由于整晚都在练习防守步伐，每当我早晨醒来的时候都会感到很疲倦，但这样练习的结果就是我掌握了良好的动作技巧习惯。正如教练所说，只有当正确的动作练习足够多，当真正的比赛来临的时候，我们只是机械式的很自然地就发挥出正确的动作技巧。然而这些技巧并非天生就习得，我们之所以能够掌握这些制胜的技巧，是因为教练不断地培养我们养成良好的获胜习惯。

当我进入大学后，我有幸能够在全国最顶尖级的教练的指导下打球。20 世纪 50 年代中期，菲尔·伍尔珀特（Phil Woolpert）率领旧金山大学篮球队接连获得美国大学生锦标赛冠军，同时他本人也是该领域最值得尊敬的教练之一。正是在他的影响下，我进一步认识到养成良好习惯的重要性。和菲尔对我的训练比起来，高中时候的艰辛练习仅仅是一个热身而已。在他对我们的训练中有一个技巧叫做"举起手来"。这个动作要求我们站到指定区域，双腿弯曲至膝盖处，保持动作不变，将一只手放到头顶，另一只手以同样的动作放到另一边，然后在他的指挥下迅速地向前后左右移动。我们将这个动作的训练称之为地狱训练，因为你唯一能感受到得就是纯粹的痛苦，并且仿佛永远不会结束。但当我们在球场上的时候，我们总是能够很好地防守，因为我们时刻准备着，我们的腿、膝盖、手都很自然而然地处在正确防守攻势的位置。和高中的教练一样，菲尔同样认为培养良好的习惯是取得成功的关键。

这个道理不仅仅适用于篮球场上的比赛。当我还是一名大二学生时，他教给了我一些我永远不会忘记的道理。有一次正在比赛场上，我突破防守进入了篮筐下一个空当，我的同伴将球传给了我，然后我迅速地投出轻松的一球，唯一的问题在于那个防守我的对方队员将球阻拦了下来。菲尔暂停了比赛，并向我指出如果不是我刚刚犯了一个小错误，我们已经又获得两分了。他指出，当我接到球时，下意识地低头看了一眼地板，将球在地上弹了一下，然后才投向篮筐，而这一个动作恰恰给了对方准备防守的时间。而我需要培养一种习惯，就是时刻将自己的手、头脑、眼睛保持向上投篮的姿势，一旦接到传球就毫不犹豫地投出去。他告诉我这样一个小习惯的改变会对我的整个技巧水平有一个质的提升。他还说，“良好的习惯不仅能够影响我们球场上的表现，同时也会影响我们的整个行为方式。”

作为我最喜爱的运动的教练，我对他怀有崇高的敬意。作为我的篮球教练，他教给了我人生最重要的道理之一。菲尔之所以如此受人尊敬，并不仅仅是因为他所带领的球队总是赢得比赛，而是因为无论是在训练还是在日常生活中，他都是一个非常有原则的人。就在他对培养良好的习惯的重要性发表评论以后，我才意识到这才是我真正崇敬他的原因。他为人处世的高标准早已成为他日常生活中的习惯，践行于他的日常生活当中。几年前菲尔去世了，而我的篮球生涯还在继续，他对我的影响将会永远保存下去。是他教会我懂得良好的习惯会影响我们的所有行为，我们不会因为做对某一件事情而就此取得成功，真正的成功取决于我们在日常生活中保持清醒的头脑，做正确的事情，而良好的习惯就是通往所有这些成功的关键。

改变习惯

无论何时，当我谈到这个话题时，我总会不断重复：正如态度一样，习惯也是可以被改变的，无论你的年纪多大或者你保持某个习惯多少年了，这些都不能成为你固守旧习惯的借口。关键在于你是否发自内心想要改变。总有人问我，“你难道没有听说过老狗学不了新把戏吗?”我回答说听过，并且听过很多遍，但是很多的驯狗师却证明这个说法不一定是正确的。再说了，我所讲述的这些道理并不是针对老狗，这些道理更不是所谓的小花招。我的听众是实实在在的人，讲述的是关于人的习惯而不是什么小把戏。

大约 20 年前，我改变了一个我坚持了 30 多年的习惯，骂脏话。难为情地说一句，我一直以为这并没有什么大不了的，并且我总是用这种借口说服自己这样做并没有什么不合适，“大家都这样做，只不过是几句话而已”。直到有一天，一个我非常崇敬的朋友耐心地和我交流了这件事，他问我是否注意到，我使用的这些词其实也暴露了我自己本性的一些方面，而这些词可能对别人来说太不敬了，并且我是否能够选择一些更合适的词来表达自己以达到更有效的人际沟通。我找不到任何理由说服自己骂脏话是一个合理的行为，所以经过了一番思考，我就这样改掉了这个坏毛病。你可能会想为什么看起来这么轻松呢？首先，我认识到改变这种习惯的必要性，我的那些不合适的话不仅是对他人的不尊敬，也是对自己的不尊敬；其次，我有强烈的改掉这个习惯的愿望，在朋友的不断鼓励下，我越来越想要做一些改变。”

我并不想让大家以为，所有长时间保持的习惯都可以瞬间轻松地改变。“瞬间停止”疗法并不适用于每个人，事实上这种方式是大多数人的期望而不是一种规律，特别是当这些习惯是一些很难短时间改变的，例如：酗酒、抽烟、滥用药物。但无论改变哪种习惯，基本步骤还是一样的：认识到改变的必要性，拥有强烈的改变欲望。如果不具备这两种基本的要素，任何别的辅助方式都是徒劳。

仅仅通过意志力来改变一个长期的不良习惯很难成功。而长期的经验表明，与其完全戒掉这个习惯，倒不如用另一个相对更为积极的习惯来替代原来的不良习惯。这个道理早在几百年前就为人们所熟知，至少在本杰明·富兰克林时代就被普遍应用。在他的自传中，富兰克林提到他改掉自己的坏习惯并用其他相对较好的习惯来替代的方法，他罗列了 30 种自己认为需要培养的品质，并把它们分别写在笔记本的每一页，按重要性排序，每周他主要集中精力在一种品质上，如果这周他未能很好地践行这类品质，他就在这一页的旁边标注黑色的标记。就这样一页一页的反复实践，最终他在这 30 个方面达到了自己的要求，不需要在任何一页上再作标记了。富兰克林就是通过这种方式使自己用一些好习惯替代了旧习惯，从而获得了一些对自己有益的习惯，摒弃了那些对自己不利的习惯。他总结说，通过这种方式他认识到自己有好多从未想过的缺点，但更重要的是这个经历使他改掉了不良习惯，因此感到很满足。富兰克林通过自己有意识的努力，获得了对自己有利的好习惯，从而让自己成为一个更优秀的人。

习惯和性格

长期的篮球训练生涯，让我逐渐对习惯在我们生活中所扮演的角色产生了浓厚的兴趣。尤其是三十多年前的某一天，菲尔对我说，“良好的习惯会影响我们的每一个行为。”在我三十多岁的时候，我逐渐开始领悟到生活中一些重要的道理，我也慢慢开始明白习惯、性格和真正的成功之间的这种联系。正如乔治·娜·包德曼（George Dana Boardman）说过：“播种一种行为，收获一种习惯；播种一种习惯，收获一种性格；播种一种性格，收获一种命运。”

随着我逐步改善我的习惯和性格，我的生活质量也随之提高了。作为一名人类行为学老师，无论是在高中还是大学，我都很想和我的学生分享我的生活感悟与经验总结，这是一种发自内心的意愿。但是一个老师绝不能仅仅依靠自己的经验总结就创建一套理论，还必须得有足够合理的论据来支持自己的理论，于是我大量收集图书馆和书店关于习惯方面的材料。出乎我意料的是，尽管习惯有着如此重要的影响力，却并没有太多关于这方面的书籍，而我找到的仅有的两本书不同程度地验证了我的假设，那就是我们的习惯反映了我们的性格。

第一本书叫《心灵的习性》（*Habits of the Heart*），由社会学家罗伯特·贝拉（Robert Bellah）和另外四位作者合著。在书中他说道："我们是什么样的人决定了我们追求什么样的生活——而这一切都是由我们的性格决定的。"能否取得成功不在乎你拥有多少或者你采用了什么技巧，而在于你是怎么样的一个人。我们的那些最常用的习惯使得我们和他人及世界得以联系起来。那些有着高标准以及良好的品质和性格的人通常都是正直、关心他人感受、有服务精神，并且有责任感的人。他们深知如果我们仅仅关心自己的利益，我们是没有办法获得真正幸福的生活的。美好的生活是靠自己争取得来的，需要我们不断贡献，而付出越多收获越多，一味地向生活索取不能获得真正的幸福。

另一本书叫做《高效能人才的七个习惯》（*The 7 Habits of Highly Effective People*），由史蒂芬·R. 科维

（Stephen R. Covey）所著。科维的思想重塑了品格成功学，在他看来，太多的人被外在的成功所迷惑，即便他们取得了这样的“成功”，最终还是会觉得内心空虚。这些人只知道学习获取成功的技巧而不在乎培养自己的为人处世原则与良好的习惯，而恰恰这些原则与习惯的习得才是获得自我实现与成就感的必备条件。在国家刚刚起步，发展还不够成熟的时候，我们通常将注意力集中在培养年轻人品格上的成功。但随着人们逐渐需要获取迅速积累物质财富的手段时，我们也就不再注重品格上的完善与否了。因为正是对品格上成功的追求才成就了美国这样一个伟大的民族和国家，科维看到了复兴这种追求的必要性，他认为：“品格成功学告诉我们辉煌的人生是建立在基本的原则之上，人们只有通过学习这些基本原则并将他们与自己的性格结合起来，才能最终实现真正的成功，也只有这样，幸福美好的生活才能持久。”

良好的习惯会影响我们的每一个行为，这些习惯是通向真正成功的关键。

我们重复所做的事情塑造了我们自己，卓越不是某种行为，而是一种习惯。

——亚里士多德（Aristotle）

第七章

心怀感恩是一种习惯

——一种最值得珍视的习惯

不要抱怨你还没有获得的，好好享受你已经拥有的。

——H. 斯坦利·贾德（H. Stanley Judd）

是什么吸引你的注意

你一天抱怨几次呢？如果你和我的高中学生或者大学学生有一点相似的话，我想这个频率应该是相当高的。我这样说并没有批评的意思，只是陈述一个事实而已。多年来，我一直对我课上的学生或者是演讲听众做一些试验，结果表明，正如哲学家亚瑟·叔本华（Arthur Schopenhauer）所说："我们很少珍惜我们所拥有的，反而常常在意我们所不具备的。"

第一个试验听起来很简单，做起来却不容易，我让我的学生在接下来的 24 小时里不准抱怨，而大家的第一个反应就是"不准抱怨"这个任务太难。之后，我们又讨论了一些细节问题，我给他们的建议是如果你在第一个小时内没坚持住，发出任何抱怨（因为大部分人都这样做），那么不要停下，继续坚持。如果他们实在不能坚持 24 小时那么长时间，我希望他们至少知道通过自己有意识的控制每天可以减少多少次抱怨。因此，我建议他们在试验阶段随身带一个小本，每次当他们抱怨或者有抱怨冲动的时候就记下来。

第二天，我们讨论了这个任务的结果，我让他们猜猜有多少人从昨天这个任务开始到现在一次也没抱怨过，他们每个人都把自己猜测的结果写在了一张纸上，我也不例外。我们这个班有 30 个人，学生们的猜测大都集中在 6 至 12 人，而我自己的预测从来都是 0。而我总是正确的，因为我比学生更清楚以前的测试通常都是什么样的结果。我花了整整 23 年的时间才遇到一个学生可以完全做到 24 小时不抱怨一句，据保守估计，我几乎让超过 7 万不同年龄段的人做过这个试验，最终的结果是，只有 4 个人可以完全达到我的要求。

然而，这个试验最重要的部分其实是对结果的讨论。这个阶段我会提两个问题：第一，你认为这个任务的目的是什么？第二，你从中学到了什么？大多数情况下，大家的回答都差不多，对于第一个问题，一般人都会说："目的在于让我们认识到自己抱怨的频率。"很正确。对于第二个问题，大多数人会回答："我从中学到了其实生活中没有那么多可抱怨的事情，回想以前常常抱怨的事情觉得很可笑。"这也很对。不论他们是抱怨了还是正准备抱怨，通过这种方式可以让他们意识到平时抱怨频率是高还是低，以及这些抱怨听起来有多么的微不足道。

而上述这些都只是整个任务的一部分，讨论过后紧接着就是第二部分。这一部分我会给每人一张纸，标题叫做“为……我感恩”，标题下面有三栏，第一栏的标题是“事物”，在这一栏下面，同学们需要列举出他们所拥有的值得自己高兴的物品。第二栏写着“人物”，这一栏下需要写出所有你感激的人。第三栏标注的是“其他”，这一栏下可以罗列任何你认为值得你感激但又不适合放到前两栏的东西。大多数人的前两栏很快就填满了，最后一栏的填写时间相对较长。通常同学们会对此栏的填写有疑问，例如他们会问我“这一栏是什么意思?”“可以给我们举些例子吗?”所以，我问了他们都有些什么想法，然后以此为引子给他们解释。关于其他这一栏，他们认为可以填这样一些内容，例如：自由、机遇、友谊、爱、智慧、能力、健康、天赋、和平、信念、信仰、安全、学习、经验、美丽、友好等。大约 20 分钟后，这三栏都填满了。

紧接着我们进入了该任务的第三部分。那就是在接下来的 24 小时里，他们需要将自己的清单反复读 4 遍，分别在午餐前、晚餐前、睡前以及第二天清晨上学或者上班前。第二天当他们来到教室后，我会问他们自从控制自己尽量不要抱怨后，是否感觉今天和昨天有什么不一样。实际上，我早就预料到了回答会是怎样的。因为从他们走进教室那一刻的肢体动作的显著变化就可以看出，他们和以前有着大不相同。我看见了更多更灿烂的笑容，更美丽动人的眼睛，更欢快活跃的身姿。神奇吗？并不是，只是感恩而已。这种感恩之心改变了一个人的整个灵魂。我们所要做的仅仅是问问自己，关注点到底在哪里，一旦我们将自己的注意力从消极的事情上转移到积极的事情上，我们的生活将会发生翻天覆地的变化。

通过以上的描述，我不确定我是否把这个联系的精髓表达清楚了。如果你能当面听到我给你们叙述此事的话，你一定会看到我兴奋得手舞足蹈，大喊大叫，甚至像迪克·维塔尔（Dick Vitale）在 ESPN 上报道大学篮球赛一般不停地挥舞手臂！对于这 48 小时的练习中发生的变化我感到如此的兴奋不已，即便是在 30 年以后，每每想到这个简单的练习居然可以如此顺利地帮助人们意识到他们所拥有的东西，以及为什么我们应该为我们所拥有的感恩，我还是感到难以置信的惊讶。而事实上，在我的教学生涯中我总共给我的学生做过两个我认为最有意义的联系，这只是其中一个（第二个会在第十章讲到）。

在此，我还想说明一下在这个练习中，成年人到底收获多少。起初，我只是将此练习用于高中学生，但事实上成年人比学生们抱怨得更多，所以我想我是否可以通过这种方式来帮助他们。一想到我的大学学生大多都是 30 多岁或者 40 多岁，而他们的回答比我的那些高中学生更有戏剧性，这可能是因为他们长时间以来，习惯把抱怨当成理所当然的一个日常行为。在这个练习结束之时，他们都对此练习的意义大加赞赏，虽然谈不上他们通过此练习发现了人生的意义，但至少可以说我帮助他们发现了那些可以提升生活的意义，并且使他们的生活变得更有趣。

如果时常有规律地练习，心存感恩可以变成一种习惯。这是我们所能培养的最好的习惯，因为心存感恩是我们面对生活的最健康的方式。这不仅是一个习惯，也是一种态度，能够对我们所拥有的时刻保持感恩是实现人生价值的重要途径，真正的满足始于学会感恩。我想这也是为什么《圣经》告诉我们在祈祷之初，我们应该先感恩而不是问问题。

而我们每年只有一次感恩节岂不是太少了吗？因为只有在这个节日我们才会停下来思考，并且和我们的亲人一起庆祝我们所拥有的东西。为什么我们不每天都感恩呢？我们并不需要宣布一天作为一个节日，在这特定的一天用吃火鸡等一系列风俗来庆祝我们所拥有的。如果你的生活里有这三栏内容的任意一栏，并且每天重复读 4 遍这一栏，想想你的生活是否会有改变呢？我认为会，而且你可以用一种简单的方法验证我说的是否正确。你只需要花20分钟把这三栏内容填好，每天花几分钟重复读。

我敢肯定这一定会有作用的。这是一个学会如何感恩的很好的开始，和其他的一些想法和行为一样，一旦频繁的重复，感恩也可以成为一种生活方式。也就是说，我们需要将感恩作为一种态度或者说一种习惯。

珍惜我们所拥有的

本杰明·富兰克林曾经说过，直到井水枯竭以前，我们永远不会珍惜水资源的重要性。这个道理在很多事情上也是如此。我们很容易将某些人，某些事，甚至自由当作是理所当然，特别是在我们从不缺乏它们的时候。有时候，匮乏是一位很好的老师。一战时期的著名飞行员埃迪·里肯巴克（Eddie Rickenbacker），在一次执行任务时，由于失去方向，曾经在太平洋上空无助地盘旋了21天。从这场噩梦中得救后，当他被问及这次经历给他最大的体会是什么时，他说道："我最大的体会就是，如果有足够的新鲜水可以喝，足够的食物可以吃，那么就不应该有任何抱怨了。"不幸的是，我们经常为了一些鸡毛蒜皮的小事流鼻涕，而很多人可能会因为拥有这些而感到高兴。无休止的抱怨也会成为一种习惯，一种生活方式。你应该至少认识几个常常抱怨的人吧，和他们待在一起并不那么愉快，对吧？

我班里的很多高中生和大学生每年都到墨西哥去帮助穷人修建房子。每次这样的经历都能让他们对生活有新的看法。他们发现我们的许多生活必需品，对于那些贫穷的墨西哥农民来说却是侈奢品。而这些人对于自己所拥有的仅有的很少的东西却是如此的珍惜与感恩。这些孩子回来以后都带着一种满足感，因为他们帮助了那些需要帮助的不幸的人，并且通过此种经历也让他们学会了更加珍惜自己所拥有的东西。

不幸的是，我们只有在亲身体验了他人的不易生活后，才能更好地理解我们的生活是多么的美好。而那些饥饿的面孔，无论是国内的还是国外的，即便是看到这些照片也无法引起我们任何的同情，除非我们自己身临其境。就在几年前，我和妻子凯西（Cathy）在中国的时候，我们做了四个小时的大巴从紧邻香港的一个港口到中国南部的一个主要城市广州。我曾经目睹过中国各种各样悲惨的生活场景，但这次的经历确实让我非常震惊。我在我的日记中记录了我的所见所感，我试着努力寻找合适的词来描述这次经历，最终我找到了绝望一词。绵延数里，我看到公路两旁各种场景凄惨无比，而这些场景都是我从前完全想不到的。即便我们曾经听过无数人描述过类似的场景，我们也看到过很多这样的照片，但是真正能够打动我们的只有在亲自经历的时候。这使得我想起了我的那个“不抱怨”练习，我在我的日记中记录道：“我希望当时我的身后跟着好几辆公交车，上面全是我的学生，包括高中生和大学生，我真希望他们可以看见我所看见的这一幕幕，那么我就再也不必跟她们强调学会感恩，学会珍惜的重要性了，他们也会领悟到前所未有的感激的意义。我也就再不用担心他们不能经历没有任何抱怨的一天。”

我的一些教育界的同事曾经花一年甚至更多的时间为和平组织工作，或者以传教士的身份去那些相对不发达的国家工作。毫无例外的，去了的人都说这是他们有生以来最有价值的人生经历。他们领悟了给予比索取能带来更多的满足，他们学会了更好地珍惜生活中他们所拥有的丰富的财富。一些国家要求国内的年轻人必须服一定年限的军役，我希望我们的国家能够要求年轻人至少花一年时间参加志愿者服务，这将是一个打开人生新篇章的良好开端！也是一个学会珍惜我们所拥有的良好开始！

思考，但别忘了感恩

在英国许多克伦威尔大教堂的墙上，都印有两个词：思考、感恩。我希望这两个词可以时常在我们的周围警醒我们：不论是在家里、在车上、在学校还是在工作场地。它们能够帮助我们去思考我们拥有什么，这也是这一章开头我们在强调的内容：思考我们已经拥有什么，然后感恩我们所拥有的。

这部分我们讨论的主题就是感恩。当我急切地鼓励你思考你都拥有什么时，我还会鼓励你以同样的热情去频繁使用这个魔力的词“谢谢”。学会感谢他人已经逐渐被人们遗忘忽视，这已经不是什么新鲜的新闻了。无论是因为社会良好品行的普遍衰落，还是大多数人都养成了把别人的服务当作习以为常的习惯，我们现在很少听到人们使用“谢谢”这个词。但是，向他人表示感激是我们表达对他人尊重与礼貌的最好形式，同时也是建立和维持稳定的人际关系的最可靠的方式。威廉·詹姆斯说过：“人类本性中最深的原则就是渴望被欣赏认同。”而满足他人的这种需求既简单又能收到最大效益。

在我们所拥有的幸福中，那些让我们每天的生活越来越充实的人是最值得感恩的。我们或多或少都认识这样一些人，他们总能有办法在提升我们的情绪的同时，教会我们一些人生道理，让我们做最好的自己，反正就是能让我们感觉良好。正是有这样一些人的鼓励，我们工作起来更努力、更积极，活得更充实，更精彩。很显然这样的人是值得我们感激的，但我们是否向他们表达了我们的感激之情呢？

如果给你一张表让你列出最值得感激的人，你能够迅速写出这些人的名字吗？如果让你写出感激他们的原因，会不会和写下他们的名字一样简单呢？如果让你回答一个更难一点的问题，例如，你是否还记得你最后一次你对每个人表达感激之情是什么时候？想想这些问题的回答会是怎样的呢？我想你起初会觉得怪怪的，尽管我们有众多的词汇来表达抱怨或者愤怒，但我们在表达感激时却显得非常词穷。这主要是因为我们常常抱怨，常常愤怒，所以对于此种表达我们已经非常熟悉了。因此，如果你克服了表达感激的那种尴尬和害羞，你至少会让两个人感到非常舒服：一个是被你感激的人，另一个是你自己，这就是所谓的双赢局面。

心存感激是一件事，而表达谢意则是另一件事。你是否意识到我们总是在另一个人面前夸奖某个人？我们为什么要告诉另外的人而不是直接给我们要感激的人说呢？为什么要浪费这些感激之情呢？每当有人不幸去世的时候，似乎每个认识他的人都有些赞美他的话要说，而我常常在想，究竟有多少赞扬是这个人在生前就听到的呢？我们需要那么长的时间才能表达出这种感激之情吗？难道非得有人去世才能唤醒我们，这个人对我们是多么的特别吗？因此，我们应当时常向那些在我们生活中扮演特别角色的人表达感恩之情。

同时，我们也需要养成习惯，时常向那些除我们生活圈里的朋友亲人以外的人说“谢谢”。当我看见加油站、百货商店或者酒店里的工作人员被顾客无礼对待后，我总会在他们为我提供完服务后向他们说“谢谢”。这些工作人员为了生活在这里工作，同时也为我们提供方便，但他们却常常得到非人的待遇，仿佛他们是完全没有感情的人一样。然而，仅仅是对他们说一句谢谢又能有多困难呢。只几秒钟的时间，我们就可以通过表达对他人工作的感激而使得别人度过愉快的一天，人都有一种被他人肯定的需求。

我认为我们有必要在适当的时候表达感激。在我看来，我的母亲几乎可以说是世界上最感恩的人，她告诉我，如果你不向那个人表达你的感激之情，也就称不上是真正的感激。这是我成长过程中学到的最早也是最有意义的一课。母亲并非通过告诉我这个道理来让我明白其中的意义，而是通过实际行动。在我看来，她总是抓住每一个感激他人的机会，有时是面对面，有时通过电话，有时是写感谢信，她甚至给我写过感谢信！她在大家心目中是一个友好、亲切的女士。最重要的原因就是，她掌握了如何适时地向他人表达谢意，她总能给人被感激的感觉。

心存感激和表达感谢是人类的两个习惯，也是评价一个人成功与否的两个标志。学会感激是我们实现人生价值的最重要的一步。

值得我们感激的五件事

我之所以鼓励大家将心存感恩培养成为一种态度或者说习惯，目的在于增强大家珍惜所拥有的东西的意识。同时，我也很好奇，在经过认真的思考并且做了那个练习后，大家到底会最感激哪些人、哪些事呢？因此，在那一部分内容的最后，我让他们列出最值得自己感恩的五项。我的高中学生和大学学生的答案惊人的相似。在所有答案中，有五项是他们共同认为最值得感恩的，分别是：

1. 特别的人

2. 自由选择的权利

3. 丰富的机会

4. 教育和学习

5. 丰富而高质量的生活

还不错的选择！这为我们成为一个更感恩的人开了一个好头。

不在于我们拥有多少，而在于我们从中享受了多少。

——查理·司布真（Charles Spurgeon）

第八章

尊重他人是立身之本

像对待自己一样，来对待他人。

——《马太福音》第七章第十二节

尊重生命

有史以来，最伟大的人类学家之一艾尔伯特·史怀哲（Albert Schweitzer）的人生哲学是："敬畏生命。"不幸的是，史怀哲并没有获得他应有的名声，他对人类的贡献足以让他和苏格拉底、佛陀、林肯、甘地以及特蕾莎修女齐名。事实上，他就如同他那个时代的特蕾莎修女（1875－1965）。和特蕾莎修女一样，史怀哲也是一名音乐家、哲学家、物理学家、传教士以及神学家。

多年以来，史怀哲始终被一个问题所困惑，那就是哲学是如何形成的，它又是如何抓住生命的本质与意义的。在他的自传中，他描述了一段在非洲的经历。那时，他们艰难而缓慢地乘着一艘小皮艇在非洲的一条小河上行驶了大约60英里，他记录到："到了第三天，正当太阳快下山的时候，我们在一群河马中间努力穿梭，这时我的脑子中突然闪现出那个词语，'敬畏生命'。"第二天他在船上思考着这个词语的意义，最终悟出了其中的含义，他也因此闻名于世。他认为，"生命本身是神圣的，而人类的使命就是竭尽所能地去珍惜它。”在史怀哲看来，大部分人从未思考过生命的意义与价值就度过了一生，而他认为生命如同一位伟大的女性，需要被珍惜、尊重，然后，我们才能将它推崇到真实的高度，还原生命应有的价值。

从史怀哲的著作以及那些研究他的人的材料中，可以看出，敬畏生命可以简略地归纳为对以下几件事的珍爱与感恩：

- 生命本身
- 上帝，人类的精神本质
- 其他人，以及为他人服务的意识
- 所有有生命的物体
- 自然界中的美
- 生命中那些无法理解的奇妙的东西
- 诚实与正直

史怀哲坚持的哲学——对生命最崇高的敬畏——是真正正直的人所必备的修身养性的品质。他们把生命本身当作最珍贵的礼物，并和其他人和整个世界一起分享拥有生命的美好。如果一个人能够做到这一点，他的生命也将越来越丰富、美丽、愉快，他将经历充实的一生而非仅仅是活着。

尊重的四要素

在讨论这四个要素之前，我想要提醒你们我在引言部分提到的内容。我这本书里的大部分内容都已经不是什么新内容了，而尊重生命和生命本身的诞生一样历史悠久，自从有了生命就有了尊重生命。但正如大多数人看到的那样，在过去的 20 多年里，这份尊重已被破坏殆尽。社会学家对此解释是，因为我们过于把自己封闭在自己的世界里，只关心和自己有关的事情，只注意那些最好最顶尖的东西。我们不再像从前那样给予他人应有的关心，而这种关心在现在看来是多么难得的一种态度。即便如此，尊重仍然是人类所拥有的最重要的品质之一，同时也是生命中那些最美好的事物的根源。

在前一章我说过心存感激是一回事，将这种感激表达出来又是另外一回事。而尊重并非如此，将这份尊重表达出来是我们证明自己拥有这种品质的唯一方法。从天地万物诞生之初，人类历史上那些最伟大的祖先通过四种方法表达他们的尊重，而这四种方式是最能体现敬畏生命的四个途径。

1. 礼节

没有礼节的人类社会是让人难以忍受的，甚至这个社会本身是无法存在的。

——乔治·萧伯纳（George Bernard Shaw）

你可以用很多的词来形容他们——好意、尊敬、礼貌、友好、关心、礼节，亲切等——我们的行为举止展示了我们自己，我们最终在别人心中留下的印象取决于我们对待他人的方式，而我们对待他人的方式是评价我们成功程度的重要标志。汤姆·彼得斯（Tom Peters）和罗伯特·沃特曼（Robert Waterman）在他们的著作《追求卓越》（*In Search of Excellence*）中写道："像成年人一般对待他人，像伙伴一般对待他人，要懂得给予他人尊严和尊重。"这不仅是宝贵的商场经验，同时也是日常生活中的经典哲理。人类有史以来，还没有人因为自身表现出应有的礼貌而受人责难。

18 世纪初，英国政治家埃德蒙·伯克（Edmund Burke）说过："礼节比法律更重要。"换句话说，如果我们每个人都能做到对他人表示尊重与关心，那么我们也就不再需要法律来约束我们的行为了。你会发现当我们都怀着尊重去对待他人的时候，生活会变得更加美好。我们所熟知的关于礼节的一些主要论述与研究主要来自公共关系领域的专家亨利·C. 罗杰斯（Henry C. Rogers）在1984年的研究成果。他认为：“如果我们把礼节看作是一种动物的话，那它就是一种濒临灭绝的物种。”

不幸的是，罗杰斯的推论包含着我们必须面对的悲惨的事实。他表示，对于如此多的人忽视尊重他人的重要性，他感到非常震惊：“我很难理解为什么大家就不能明白良好的品行是通向成功的最重要的钥匙这个道理呢……”而事实上，我们正面临这一种社会品行日益衰退的事实，无论是成年人还是孩子。不知怎么的，大家越来越倾向于表现出很酷的一面而不愿意表现自己的礼貌与友善。无论你是否承认，我们都试图用各种方式去给人留下好的印象，但大部分人都未能意识到，给他人留下好印象的最好方式就是，带着尊重与尊严对待他人，即，己所不欲，勿施于人。只有这样，我们才能生活在一个更加美好的世界，也只有我们都培养了良好的品行，我们才能做最好的自己。

2. 语言

从一个人说的话我们可以知道他整个人的价值观。

——路加福音第六章第45节

想要把自己完全封闭起来是不可能的一件事，只要我们开口说话就会暴露我们的所想所愿，每当我们一张口我们就是展示自己的某一面，尽管我们常常没有意识到这一点。智慧的所罗门（Solomon）在千百年前就说过，从智慧的人嘴里我们总能听到恩言，而愚昧者总会因为自己的话语而难堪。我们都应该明智一些，细心地观察我们平时所说的话都表露了我们性格品质中的哪些方面。

当我在高中和大学教“沟通交流”这门课程的时候，我和我的学生们做了一个简单的活动，效果相当不错。我让他们以小组为单位，将那些我们口头交流的方式按积极和消极两类划分，他们的结果通常都是这样的：

积极的：	消极的：
赞扬	贬损
真心的褒奖	夸大其词
鼓励	嘲讽
感谢	辱骂
真诚/诚实	嘲笑
信任	抱怨
同情	八卦/谣言
幽默/同乐	吵吵闹闹
建议/指引	虚假的奉承

分享好消息	种族和性别歧视
打招呼	欺骗/操纵
支持	责难

然后我又问他们：“你们常常听到的是哪一类?”不幸的是，几乎我的每一个班的学生答案都是一样的，他们总是听到的消极表达多于积极的表达。而他们当中的大部分人都承认好多这类消极的表达都是出自他们自己之口，这是为什么呢？和我们总是抱怨多于感谢的原因一样，我们总是将注意力集中在事情的消极方面。

我花了很长的时间才明白优雅语言的重要性。当我自己开始有意识地锻炼自己的语言时，我才发现那些我最敬重的人几乎总是使用那些积极的、让人愉悦的语言。我们说出的话确实能反映我们的内心，优秀的人总是细心挑选自己的措辞。

3. 尊重规则

当我们个人尊重法律，并让其引导我们行为规范，以到达整个社区的福利最大化时，我们也在间接地鼓励后世之人继续追求幸福。

——亚里士多德

试想一下，一场没有规则的足球比赛会是什么样子。混乱？暴乱？还是有更糟的情况。然后再想想，如果有规则，但比赛双方只有一方遵守呢，假定你所在的球队就是遵守规则的那方，你们的对手毫不遵守规则，你会有什么感觉？不公平的对待？受欺骗了？任何人在这种情况下都会有这样的感觉。规则和法律的制定就是用来维持一种公平感，如果我们的社会没有这两样东西岂不是会变得杂乱无章？几年前我教美国政府这门课的时候，我用的教科书里对规则和法律的定义是“人际关系的约束”。这确实是制定法律的初衷，即让我们更关心彼此，替他人着想。

几年前，在我作完一个报告后，一位女士上前来对我说：“对于你刚刚说的内容我非常赞同，除了一点，那就是遵守规则。”在我问了她不赞同的原因后，她告诉我，因为我们已经有太多的规则了，以至于我们被禁锢在这些规则之中，而这并不能使我们更接近成功。我给她打比方说，如果我跟她进行网球比赛，她是否会希望我遵守比赛规则。我又问她，如果你在银行存钱，你是否希望银行的职员能够遵守职业法律，如果你正在开车，你是否希望其他的驾驶员都能够遵守交通规则。我说这些的目的只想说明一点，那就是我们自己主动遵守这些规则法律仅仅是为了表达对他人权利的尊重，这是一种诚实的表现。那些不按牌理出牌的人通常被我们称之为说谎的人、背叛者、小偷、罪犯。

我常听人说，“规则就是用来被打破的”，“大家都这样做”。尽管很可能被当作墨守成规或者自命清高的人，我还是没有办法赞同这两种说法中的任何一种。规则并不是用来被打破的，而是用来被遵守的。并非每个人都会打破规则，仅仅是那些受公众关注度比较高的人。遵守规则的意义并不在于我们可以因此而不受某种责罚，而在于这种行为本身就显示了我们对他人的一种尊重与关心。遵守规则其实是在向他人展示我们期望获得公平，并且唯有如此，我们的生活才会变得更简单、更和谐。当然，最终，遵守规则和取得成功是有一定联系的，那些最终取得成功的人都是那些在各方面都懂得尊重规则的人。

4. 尊重差异性

只要我们始终坚持把我们自己这样一个个单独的个体看作是这个宇宙的中心，那么我们永远也无法认识事物的真相。

——托马斯·默顿（Thomas Merton）

不久之前，我聆听了一个布道——关于评论他人的危害。不论是从精神角度还是物质角度，道理确实是这样的。当我回忆在我人生的不同阶段我对别人作的各种评论后，我感到非常愧疚。然后我问自己，我现在是否还这样随意地评论他人时，这种愧疚感更深了，因为我还在这样做。问题在于许多人在评论他人方面有些障碍。自从聆听了那次布道后，我问了好几百人，不论年龄不论信教与否，我问他们是否在评论他人方面很揪心。毫无例外，他们都承认自己在这方面有很多困惑。有一些较为明智的人告诉我，他们并没有以前那么爱评论他人了，但在这方面他们仍然需要改善。

因此，当我知道我并非唯一一个在这方面需要改善的人时，我感到稍微欣慰些，但这并不表示我对自己的这种状态感觉良好。我想起本杰明·富兰克林在设计出著名的自我提升试验后，就马上改变了这个习惯。我告诫自己努力地去欣赏他人的优点，而不是将注意力集中在他人的缺点上，并且尽量说赞美他人的话。这样的一个改变给我的生活带来了很大的变化，我对他人有了一个更积极的看法，同时也和周围的人建立了良好的人际关系。在我看来，我的大部分成功都得益于这种转变。

为什么我们会评价他人呢？答案很简单却很难让人承认，那就是我们都是自私的。我们总是关心和我们自己有关的事情，并且总是将我们对现实的局限性看法当作是现实。当我们评论他人的时候，大部分是因为别人的做事方式和我们不一样，当我们评论他人的时候其实我们是在说："你这样做不对，因为你和我做的不一样。"我曾经听见人们因为争论一些鸡毛蒜皮的小事而恶言相向，例如，哪个摇滚乐队更棒，哪个球队更厉害。当他们在争论时，他们其实都想对对方说"你怎么会喜欢那个队呢?"换句话说，在我们看来，"只有我们喜欢的东西才是最好的。"

克服以自我为中心的情结和我们看待生命的狭隘视角是一个人真正成熟的重要标志。当我们真正做到这一点时，我们才真正开始学会欣赏他人。无论我们是否有相同的宗教信仰、政治立场、年龄、种族、文化、兴趣爱好、生活方式，我们都必须明白我们至少在两方面上有着共同点，即我们都是基因与经验的产物。没有人的生活可以称作"正确的"生活，我们越能尊重人与人之间的差异性，我们也就更能尽早地领悟自己对生命的理解。

尊重的回报

当我们还小的时候，第一次听说尊重这个词时，它总是和“应当”“必须”这些词同时出现。我们总是被要求学习好的品行，学会公平地待人待事，对人要表示应有的尊重，特别是对老人。为什么呢？要么是因为我们从来就是被这样教育的，要么就是因为如果我们不这样做的话我们就会被敲脑袋，因此，尊重成了我们不得不做的一件事。

这里，我并非想要强调如果你行为粗鲁可能会受到什么可怕的惩罚，而是如果你表现出应有的尊重会受到什么样的奖励。仅仅举几个例子，如果我们用希望别人对待我们的方式来对待别人会有什么样的回报：

- 良好的社交能力与习惯
- 让他人感觉良好
- 获得他人的尊重
- 建立良好的人际关系
- 受到更好的待遇
- 提升自我满足感
- 获得良好的声誉

《圣经》中一句经典的话语告诉我们“种瓜得瓜，种豆得豆”，学会尊重将会使我们受益匪浅，我们的付出总会在适当的时候得到回报。黄金准则——己所不欲，勿施于人——仍然是普遍的真理。事实上，这是我们能够学到的最经典的人际关系法则。优秀的人时刻保持对他人的尊重。

我们对他人付出多少就会得到等量的回报。

——南丁格尔（Earl Nightingale）

第九章

诚实实为上策

诚实在众多情景中都是最好的策略，例如国际关系、人际关系、劳动力市场、商场、教育、家庭、犯罪控制，因为只有真相才是最重要的，而真正长久稳固的关系只能建立在诚实的基础上。

——拉姆齐克拉克（Ramsey Clark）

最高形式的尊重

本章是此书最重要的一章，你可能会学到我在这里的许多建议——保持积极的心态、养成良好的习惯、保持微笑、学会感恩、有目标、激励自己、努力工作、自律、合理规划时间，等等。——即便你做到这些，你仍然不能取得真正的成功，除非你做的每件事都是建立在正直诚实的基础上。如果你的内心不是纯洁而真实的，那么你永远无法体会心灵的平静，也不可能享受到自我价值带来的满足感。如果你没能从此书里学到任何别的东西，我仍然衷心地希望并祝愿你能至少明白这个道理：诚实过去是，现在是，将来仍然是最好的策略。

我不想让你们觉得我仿佛是一个基督教时代“烈火式”的传教士，用燃着火的铃铛来威胁你们说真话。但我确实想用我最大的热情来劝服你们，诚实的确是一个人取得真正成功的最本质的要素。在前一章中我说过，尊重是优秀的人修身养性的基础。而这个基础的基础，也就是最不可或缺的那部分就是诚实。诚实其实是尊重的最高表现形式。

我为什么会如此热衷于诚实呢？原因在于我花了太长的时间才意识到在我追寻成功与个人价值的路途中，我真正缺乏的就是诚实。我具备了取得成功的一切要素，唯独缺少所有这些要素赖以生存的基础，那就是诚实。我并非一个撒谎者，或者是假公济私的人，抑或是一个小偷，但我就是没法做到对所有的事情都怀着一颗诚实的心。和其他人一样，我总有这样的想法“大家都这样做”。因此我也就随波逐流了。不管怎么说，在某些小事情上偶尔的不诚实还是可以理解的，但后来我才意识到，这只不过是在自欺欺人而已。我慢慢地发现这个让我痛苦不已的事实，那就是根本不存在什么偶尔的，一点点小事的不诚实。自此，我下定决心尽我最大努力在每件事情上保持诚实的态度。这是一个一生的决定，也是一个我希望我更早就作出的决定。对于我来说，我至少还多了几年享受保持诚实带来的满足感的生活，而大部分人一辈子都不会有这样的经历。这也是为什么我希望如果我只能给我自己的孩子或者其他的年轻人传授知识时，我会说：如果你真心想要取得成功，那么诚实不仅是最好的策略，更是唯一的策略。

正直的意义

想要做一个诚实的人或者尝试做一个诚实的人的关键在于理解正直的含义以及它与诚实的关系。诚实和正直两个词经常交替使用，但事实上，正直的意义更为广泛。从人的本性来说，正直意味着完整。正直这个词（Integrity）来自单词 integral，意思是“全部或者不分离”。《韦氏词典》第九版对它的解释是“保持完整的基础”。做一个正直的人相当于做一个完整的人——诚实并保持较高的道德标准。不正直的人不能称之为完整的人。无法保持诚实不仅会阻碍我们的个人发展，还会阻碍我们的社会发展。这种非诚实使得我们无法发挥我们最大的潜能去追求内心平静的生活，自我价值的实现，以及健康的人际关系。

史怀哲曾经说过，除非我们能建立自己的一套道德规范，包括我们诚实而真诚地对待他人，否则我们很难做到敬畏生命。他说只有当我们真正建立起这种正直的品质，我们才能在这个世界找到自己的归属，并活得更充实更精彩。在史怀哲看来，诚实是那些真正尊重生命的人所具备的最基本的个人品质。

为什么保持诚实那么难

我所认识的人中最诚实的其中一个最近告诉我，“我每天都在诚实与不诚实之间挣扎。”对于他的话我既吃惊又好奇，因此我们经过了一番很长的对话讨论此事。我从这次讨论中认识到我们所有人都在对与错、善与恶之间挣扎。而这些在人类诞生之初就存在了，要想逃离这种选择是不可能的，而我们正好被夹在这种选择之间，每天都要从中作出选择。

不幸的是，我们总是被不同形式的不诚实所包围。更悲剧的是，我们逐渐开始热衷于看谁能从这些谎言中逃离，而不被惩罚。能够成功的撒谎而不被发现常常被认为是一大成就，一项值得公开吹嘘的成就，而只有那些笨笨的，不幸的人才会被抓住。“大家都这样做”就成了这类行为最好的借口与托词。加上电影与电视节目对欺骗与诡计的或多或少的推崇，使得这种行为更加被强化，使得这种行为逐渐被提升为一种高雅的艺术。在广告界位居榜首，并使得《今日美国》备受震惊的一条消息显示，我们只有做最真实的自己才能给他人留下最好的印象。

另一个挣扎是否要诚实的原因是，保持诚实是一项艰难的工作，它需要花费比我们自愿贡献的更多的时间、思考以及精力。我们每天都在想好多事是我们应得的，好多东西我们现在本应该拥有，一定存在一个简单而迅速地方法获取这些我想要的东西。因此，我们常常会放弃正直，选择私利。当我们可以轻松而迅速地抄袭别人的作业的时候，为什么还要辛辛苦苦的自己做呢？当我们可以通过含糊其辞迅速的完成一笔商业交易并带来更多利润时，遵循商业规则还有什么意义呢？我们不仅在意识上认同“大家都这样做”，我们还形成了寻找捷径的人生哲学。如果不能意识到这一点的话，我们就会在道德上变得懒惰。保持诚实是一个艰难的过程，需要我们持之以恒，而不诚实却极易做到。这也就不难理解为什么我的朋友以及我们中的大部分人都在保持诚实与不诚实之间那么纠结。

不诚实的代价

在引言部分我就说过，这本书主要是关于发掘人们品格中最好的那一面以及每个人获得丰富而充实的生活的潜力。文中大部分内容，我都试图向读者展示，如果我们做正确的事会有什么样的回报，而不是强调如果我们不这样做会有什么样的后果。然而，在这部分，我想有必要向大家强调一下，如果我们试图不诚实的话会有什么样的后果。我之所以觉得这是必要的，是因为大部分人都还不能认识到不诚实的邪恶。我曾经也是这大部分中的一员，因此，我想在这里和大家分享我所认识到的不诚实会对我们造成的毁灭性的打击。

不诚实使得我们无法做更好的自己，也阻止我们成为我们想成为的那种人。它就如同癌症一样，刚开始很小，如果不尽早发觉并彻底清除，它会逐渐失去控制直到彻底摧毁我们。不诚实的破坏力如此之大，我曾经亲眼见过它是如何毁灭一个人的生活的，比任何人类所知的疾病摧毁掉的人更多。

伟大的心理学家、哲学家威廉·詹姆斯曾经说过“通过将我们性格中的那些不好的方面扩大化，我们亲手为自己创造了地狱”。刘易斯·安德鲁斯（Lewis Andrews）是一位当代心理学家，同时他也总结那些最伟大哲学家的成果，同意詹姆斯的结论，在他的著作《坚信自己是正确的》（*To Thinr Own Self Be True*）中，他解释了我们的一部分心理疾病都是由不诚实引起的。他建议我们“仔细地思考一个人的价值观和他的健康之间的联系”。不诚实的代价是巨大的。

不诚实是一个恶性循环

一个不诚实的行为必然会导致下一个不诚实行为的发

生，几乎没有人可以做到一次性的撒谎或者偷窃。如果我们第一次通过这种不诚实的行为获益，那么那种引诱我们再次不诚实的诱惑是很难抵挡的，因此我们产生了掩盖这种诱惑的冲动，自此另一个不诚实行为就发生了。如果照这种循环发展下去，很快不诚实就成为了我们的生活方式，换句话说，不诚实变成了我们的一种习惯——一个最差的习惯。

不诚实把我们变成骗子和摆布他人的人

1600年前，圣奥古斯丁（St. Augustine）在著名的《忏悔录》（*Confessions*）中，讲述他是如何通过欺骗并操纵他人来达到向上爬的目的的。其中一个例子是，某一天当他走在去发表演说的路上，他看到一个乞丐如此的欢快，相形之下，他觉得自己是多么的不懂得满足。后来他才明白，乞丐之所以如此坦然是因为他的真诚，他对自己是诚实的，而伟大的学者奥古斯丁却不是。他明白了，自己长期的这种欺骗行为让自己变成了一个如此可悲的人。如果我们长时间地扮演某个角色，我们很容易迷失自己。

不诚实最终会缠上我们

我从不怀疑我们的那些不诚实行为终究会使我们受到

相应的惩罚，尽管我们常常怀着逃脱惩罚的侥幸心理。可能会有一些时候，我们侥幸逃脱了这种行为带来的惩罚，但在以后的生活中，我们总会以这样或那样的方式偿还。古老的中国告诉我们因果轮回，而在现代社会我们通常说“一报还一报”，确实是这样的。不诚实引导我们通向一条没有出路的黑暗而肮脏的死胡同，只不过有些人需要花更多的时间亲自踏上这条不归路才能意识到自己误入歧途。

不诚实是无法掩盖的

当别人对我们撒谎时我们总是知道的，不是吗？那些撒谎的人暴露了自己，他们的嘴里说着一套，但他们的身体语言却表现的另一说法，我们就是通过这些细微的差别辨别出来，而当我们自己说谎时，情况也是一样的，对方也是观察这些信号来判断我们是否在说谎。因此，那些说谎的人不过是在自欺欺人罢了，我们常常是被自己的谎言愚弄了。而最终，我们亲手破坏了自己的名声与信任度。

不诚实破坏我们和他人的关系

一旦我们对别人撒谎，就会使得他人以后很难再相信我们，无论我们以后再说什么，别人都会有疑问。打破对方对我们的信任是破坏关系的最直接的方式，而建立这种信任要比破坏它难上千百倍，没有了信任，就不会有良好的关系。

不诚实破坏我们的神经系统

从《坚信自己是正确的》我们可以看到，安德鲁斯博士认为，欺骗对我们自身有强大的心理影响。他告诉我们，当一个精神导师建议他每次想要撒谎的时候就想想这种行为的本质时，他觉得这种方法是有效的。同时他还说道："我们内心深处操纵他人的欲望实际上正一步一步地侵蚀着我们的本质……"同时，他还分析了南方卫理公会大学关于这种破坏的调查研究结果，"该调查显示，如果我们过度处于高度紧张的状态，这种紧张感会对我们身体的神经系统产生极大的危害。"一旦我们说谎，就相当于我们给自己的心灵制造了不平静的因素，因此，本质上，我们只是在惩罚自己而已。

不诚实使我们很难达到自我满足

人生的一大美好在于，我们可以挖掘自己实现个人价值的潜力，然后努力地朝这个方向发展。而如果养成了不诚实的习惯就很难实现这一点，不诚实如同我们成长发展过程中的绊脚石，如果我们表现出自私自利和不诚实的一面，我们也就永远无法体会成为一个更完整的人是什么样的感觉，我们永远也无法体会做一个真实可信的人带来的那种满足感，而这将是我们为此付出的最惨痛的代价。

保持诚实的六个原因

当我们明白了不诚实是如何破坏我们的生活时，我们还需要知道，如果我们克服了不诚实会有什么样的益处。那些正直的人体验到的是完全不同的生活，他们的生活更充实，更有意义，更有益。例如：

1. 心灵的平静——如果你问我，假如我能够重新活一次我会做什么，我会告诉你：我将保持对所有事情的诚实态度。偶尔回顾自己的过往，我常常会对过去说过的那些谎言，做过的那些不诚实的事感到羞愧与窘迫。我花了好长时间才领悟不诚实其实是以自我为中心的最糟糕的表现形式。当我完全从中醒悟后，我简直不敢相信这种转变带来的变化。自从我下定决心要对所有事情保持诚实的态度后，我体会到了我从前认为完全不可能体会到的那种内心的平静。诚实是一种内置的回报：那是心灵独处时的平静。如果没有其他什么特别的原因让我们保持诚实，那么仅这一点就足够了。

2. 性格和名誉——习惯决定成败，同时习惯也是一个人性格和名誉的重要组成部分，而没有任何一种品质比诚实更能塑造我们的性格并给我们带来荣誉。诚实是人类所拥有的众多品质当中最值得敬佩的，同时也是最有说服力的。事实上，诚实如同一盏指明灯，优秀的人都生活在这盏明灯的指示下。

3. 人际关系——如果说不诚实破坏人与人之间的关系，那么诚实可以让他们更紧密地结合在一起。良好的关系中最重要的基础就是相互的信任，这个道理在生活中多个领域都适用——友情、婚姻、家庭、商场、教育，甚至宗教。诚实与信任为双方关系创造了良好的发展空间。

4. 完整性——伟大的心理学家卡尔·荣格（Carl Jung）说过，人最深层的欲望是追求完整。我理解为，实现人生的最大价值，成为我们能做的最好的自己。直到我们满足这层欲望之前，我们总会对自己的存在感到空虚，而填补这种空虚感的唯一途径就是保持正直，唯有正直能让我们实现人的完整性。

5. 心理健康和身体健康——如果我们的许多心理疾病都是由不诚实引起的，那么诚实就可谓是一剂保持心理健康的良药。如果不诚实破坏我们的神经系统，那么诚实就会加强我们的神经系统。当我们表现出诚实的一面时，我们不会有任何的愧疚感、担心，或者其他任何形式的内心焦躁，而是享受自尊自重带来的满足感。

当我们做正确的事情时总会有一种踏实感，我们过着一种完整的生活时也是如此。简单来说就是，表现诚实让我们感觉更良好。

6. 表现真实

最重要的是坚信自己是正确的
不论是白天还是黑夜都必须坚持这个信念
你不能欺骗任何人。

——莎士比亚

如果莎士比亚没有选择作为一名作家，他很可能会成为有史以来最伟大的心理学家或者哲学家之一。正是因为他敏锐的洞察人类行为的能力，使得他的剧本总是如此的优秀。上面提到的那首著名的诗就是在告诉我们，要展示自己真实可信的一面，做一个真实的人而不是一个虚假的人，而我们通常都倾向于做后者。诚实与否在于你的选择，一旦我们做出了决定，并不是在某个特定情境下的一时冲动，而是一种生活方式的选择，即一生一世的选择，我们才真正开始明白做一个真实可信的人的含义。我们终究会成为我们注定成为的人，那些在我们信心深处发生的变化，我们无法向他人诉说，但我们就是能感觉到这种难以置信的美好的变化，我们也会比从前更加重自我，这也就是对自己诚实的最终目的。因为这种真实的感觉是如此的美妙，那么我们更应该对他人也保持真实的一面。

在这一章的开头我就强调过，这部分是此书最重要的内容，同时对于我来说也是最难撰写的部分。当你们和我一样感受到正直的重要性时，你就会发现你几乎找不到合适的词来描述它。我唯一希望的就是通过这一章的阅读，你们能够收获到和我一样深刻的、因为保持诚实而对生活产生的巨大影响。保持诚实并不是因为，如果我们不这样做会有什么不好的影响，而是在于如果我们这样做会给我们的内心带来积极的影响。

我们只有唯一的一种对待生命的方式，那就是发现它的价值，而这些价值是不会随潮流的变化而变化的，即便是在这个毫无安全感可言的世界，这些价值总能给我们带来好的回报，例如带来和平、健康、安全。

——托马斯·霍拉博士（Dr. Thomas Hora）

第十章

赞美他人的话语只花费最小的成本却能带来最大的利益

没有什么比积极的鼓励更具力量，一个微笑，一句带有鼓励与希望的话，当遇到困难时，一句“你可以做到的”，都可以达到这个目的。

——理查德·M. 狄维士（Richard M. Devos）

两个朋友的故事

当我在25岁开始我的教学生涯时，一个比我大8岁的同事总是很照顾我，我感到非常荣幸。他是一位非常优秀的教师，我知道我可以从他身上学到很多东西。他愿意花时间给我指出我在哪些方面做得不对，并且告诉我哪些方面是我的学生不太喜欢的。我对他提出的批评性建议很感激，也努力地在这些方面提高自己。当我们逐渐成为朋友后，他开始给我一些个人生活方面的建议，并且指出我在哪些方面做得不够好，我很感激这些批评建议。

在我职业生涯进入第六年时，那时的工会组织是由蒂姆·汉塞尔领导，他是从另一所学校转过来的。他来的第一天就和学生相处得非常不错。在我教学的同时，我打算去发掘他的秘诀是什么。由于我跟他同时教两门相同的课程，并且我们在其中一门课程上是属于一个团队的老师，因此我们会有日常的交流。我并没有花太长时间就发现了为什么蒂姆的效率如此高而且广受学生欢迎，因为他似乎有一种天赋可以挖掘出他人的优秀潜能，在他的学生面前，他并不过多地关注失误，而是更看重他们在哪些方面做得对或者在那些方面更在行。在他的每个班级，他总是坚持做三件事：当学生一走进教室时他会主动和他们打招呼，对于他们的成就他会毫不吝啬地给予鼓励，不断鼓励他们发挥潜能做最好的自己。

不仅如此，蒂姆还常常对我说一些鼓励的话。他总是指出我做得好的地方，他也向我表达了他很敬佩我对工作的奉献精神，显然我的努力得到了相应的回报。他总是提醒我说我的学生有多么的喜欢我，以及在我的教导下他们学到了很多知识。渐渐的，我们时常在校外也会聚一聚，随着我们彼此了解，他也发现了另外可以赞美我的方面。他的这种行为帮助我看到了我以前从来不会注意的一些东西：无论就做老师还是做人而言，我都在做正确的事。

这两段友谊的结果如何呢？不幸的是，第一段友谊在多年后就断了。我之所以称之为不幸，是因为他是我非常崇敬的一个人。他不仅在教育事业中非常杰出而且还是一个正直的人。他对我的大部分批评建议都是中肯的，我也从中受益匪浅。但这段关系结束的另一个重要原因就是，从他那里我总是听到批评，从来没有任何形式的表扬，这最终让我感到很累。而另一段友谊在30年后仍然维持良好，事实上，随着彼此年纪的增长这种关系也越来越牢固。例如，不管我是否真的需要，我仍然可以让蒂姆给我帮个小忙，因为他总是能够提醒我世上还存在光明的一面，我自己还有更好的一面。我一生中只有那么几个人对我的生活产生了积极的影响。蒂姆有那种挖掘他人潜力的天赋，幸运的是，我就是这些被挖掘的人中的一员。

最好的技巧

蒂姆有一项超强的技能——肯定他人。在我的理解中，肯定是我们的语言中最有力量的一个词，它意味着寻找他人身上的优点，意味着帮助他人鼓励他人，意味着为赞扬与鼓励找到合适的理由，意味着教育并支持他人，意味着强化他人优秀的方面。最重要的是，肯定意味着给了人们一个庆祝的理由。

理查德·狄维士是安利公司（Amway Corporation）的创始人，在本章的开头部分，我就引用了他的话，他认为没有什么比积极的鼓励更具力量，我很喜欢这句话！我也赞同几乎没有其他什么比这种积极的鼓励更有效。当我们顺利地做完某件事并得到他人认可的时候，我们事实上也是在激励自己，下次一定要做得更好。真诚的鼓励能更好地挖掘我们的潜能。

不幸的是，只有极少的人懂得“肯定他人会给别人带来极大的益处”这个道理。通常我们不会听到积极的鼓励，而是消极的话语。那是因为我们把注意力更多地放在那些错误的事情上，而不是正确的事情上。50 多年前，戴尔·卡耐基（Dale Carnegie）说过：“任何愚蠢的人都能够责备、谴责、抱怨——而大多数愚蠢的人确实这样做了。”而他的这套说辞至今仍然是正确的。

在第五章的时候，我告诉你们要学会独立思考，不要让外界环境把你套入某种模式。而在第六章的时候，我建议你们养成新的习惯。我们可以培养自己去发现别人身上的优点，并赞美他们的这种优点。如此，我们就创造了一种双赢的特殊局面，因为我们只有在让自己感觉良好时，我们才能使别人感觉良好。正如查尔斯·菲尔莫（Charles Fillmore）所说：“那些被我们赞扬的会随着我们的赞扬逐渐增多，我们对赞扬感到很愉悦，并且对这种赞扬作出积极的反应。”肯定他人是我们所拥有的最有价值的技能。肯定他人很简单，也很有趣，并且会带来极好的结果！我们对他人肯定得越多，得到他人的肯定也越多。

从林肯和富兰克林那里学到的知识

由于我在大学主修历史学专业，所以读过很多美国伟人的自传。而那段经历是我作为学生时，所有学习经历中最珍贵的一段。学习伟人所在时代的生活是我们学习历史的最佳途径，并且后来在我开始研究成功的心理学时发现，学习历史是非常重要的。事实上，正是读了这些自传使得我对心理学产生了浓厚的兴趣。没有什么材料比那些成功的伟人的自传更好地帮助我们理解成功的真正含义。

其中两个著名的人物就是亚伯拉罕·林肯和本杰明·富兰克林。林肯因为废除奴隶制而闻名；富兰克林作为一名出色的学者、发明家及政治家而闻名。但真正吸引我的并不是这些头衔与名声，而是这些人是如何成为处理人际关系的专家，以及成功地掌握肯定他人的艺术。他们这类人最大的一个特征就是他们和各类型的人都能很好地相处，并且能帮助挖掘他们的潜能。事实上，正是这种能力使得他们取得了现在的成就。

我大学时最喜欢的历史老师也非常敬佩亚伯拉罕·林肯，而且几乎所有关于林肯的材料他都清楚，而他的名字恰巧又是亚殊布禄克·林肯博士（Dr. Ashbrook Lincoln），因此他总是在签名的时候写下“A. 林肯”。到现在我仍然能清晰地记得有好几堂课他讲述了林肯的生平经历，描述了林肯是多么的聪明。他告诉我们林肯最值得敬佩的地方在于他和他人相处的能力。对于白宫里常常在林肯周围工作的人的种族的多样性，我感到非常好奇。他们都有两项共同点：极其聪明并且非常自我，同时他们都认为自己并不亚于总统本人。常常和他们在一起工作，林肯并没有选择逃避他们，相反他非常敬重这些人，他时常赞赏他们的能力，向他们征求意见，鼓励他们将自己的智慧与精力奉献给这个国家，因此每个人都发挥出自己最大的潜能。

富兰克林通常被定义为一个天生的外交家，一个生性宜人的人。但事实并非如此，根据富兰克林自己的描述，他的性格中也有很多缺陷，他也是通过努力与勤奋才使得自己成为一个更优秀的人。而人际交往能力是最终帮助他在外交界取得重大成就的最重要的能力。在他的自传中，富兰克林回忆道要克服自己天生倾向于评论和责难他人的习惯是一件非常痛苦的事情，他将提升自己的这个过程称之为“一个大胆而艰辛的工程”。但他的这个计划最终取得了成功，培养了自己新的习惯。这个过程中，他不断地训练自己去寻找他人身上的优点，并告诉自己“我已经知道了我所认识的每个人的优点”。

林肯和富兰克林都找到了通向成功的关键钥匙：肯定他人。他们深刻地理解那种双赢局面原则，并努力地帮助他们挖掘他们的潜力。在帮助他人的过程中，他们把自己提升到了历史上最值得尊敬的地位。

我自己有什么优点?

当我在教心理学课程的时候，我做了一个关于肯定他人的小练习。虽然是一个很简单的活动，却是我所用过的教学方法中效果最好的一个。我们将桌子围成一个半圆形，朝向单独的一把椅子，我们把那把椅子叫做“电椅”，每个学生轮流坐到这个椅子上。这个练习的第一部分是，坐到电椅上的那个人必须对其他人说“我自己有什么优点”。很显然，这并不是一个简单的任务，但却是表现肯定的一个重要环节。我想让我的学生学会肯定自己，能够在他人面前承认自己性格习惯中的好的方面。他们通常需要 2 分钟来完成第一部分的任务，他们在谈到自己对自己哪些地方很满意时有些困难。第二部分，坐在半圆周围的学生告诉那位坐在电椅上的同学他具备哪些优点，规则是不能涉及长相和衣着。那个坐在电椅上的同学就听着别人对他的赞扬，几分钟后换下一个同学。

如果我们仅仅是说这个练习有积极的效果，那么我们就太低估了这个练习的作用了。事实上，这个练习对每个在教室里的同学都产生了巨大的影响。第二天，我们再来讨论结果时，学生们一个个神采奕奕的，他们谈论到这个练习是多么的棒，他们不仅听到了别人对自己的褒奖，同时也明确了他们做的哪些事是正确的，这使得他们能够提高自己，增加自信心、自尊心。结束后，我让他们写下关于肯定这个话题他们学到了什么，以及针对这个小练习的特别的心得。多年以来，我收到了成千上万的回答，那些重复率最高的是：

- 人性本善。
- 我们需要培养识别他人优点的能力。
- 鼓励某人比打击某人更有效率。
- 没有什么比他人真心的赞扬更值得让人高兴的了。
- 人类都有寻求认同与鼓励的欲望。
- 让他人感觉良好也使我们自己感觉良好。
- 学会肯定能够帮助人们发挥自己的潜力——达到多赢局面。

我想不出更好的语言来总结此章，一个鼓励的词就能给我们带来巨大的收益——而这种收益程度之深，是你永远无法想象的。

好的语言并不会花费太多，却能带来巨大的收益。

——布莱斯·帕斯卡（Blalse Pascal）

第十一章

真正的激励来自内心

无论你是谁或者你的年龄有多大，如里你想一直都获得成功，那么驱使你接近目标的动机必定来自你的内心。

——保罗·J. 梅耶（Paul J. Meyer）

什么是动机，它来自何处？

我经常受邀在会议上向教育人士、父母、学生、商业人士等作有关动机方面的演讲。我一般会接受那些邀请，但是在此之前，我会向项目负责人阐明一个很重要的观点。我会向他解释，我并不真正作动机的演讲，因为我不相信动机。我知道国内许多报酬很高的动机专家可能不赞同我的观点。但我认为，尽管一个可以帮助他人理解动机是什么和来自何处，却并不能动机他人。我同样认为，一个人唯一可以做的是，告诉他人自我动机的关键要素是什么。最重要的是我认为，一个人可以通过给予必要的鼓励帮助他人保持动力，就像前面章节中我所描述的朋友为我所作的一样。作为教师、演讲家、作家，我要尝试做三件事情。

人们对动机的概念误解很深。很多人一听到动机这个词，他们就会想到传奇足球教练，比如圣母队的（Notre Dame's Knute Rockne）教练告诉队员“一定要赢一场”或文斯·罗巴蒂（Vince Lombardi）告诉他的绿湾包装工队（Green Bay Packers）“最重要的是有必胜的信念”。但那不是动机，而是暂时的刺激。它在体育运动和冒险运动中有重要作用，因为体育运动和冒险运动需要能量的瞬间爆发。但是，刺激在日常生活中并不起作用。当然，除非你找到一个人每天在你身边对你大喊“加油！加油！必胜！必胜！”

这也是我为什么不相信动机演讲的原因。可能我不是那种适合做拉拉队员的人，但是那种方法似乎对我来说显得有些短暂和浅薄。它可能具有很高的娱乐性，使我们情绪高涨，但是却只有演讲的人拥有动机。这和写作本质上是一样的。我认为不要许一个宽泛的诺言“你完全可能拥有”或“你可以做任何事情”。我想人们缺少和想要的是更深刻、更真实的东西。人们可以更长久地保留它们，并有助于他们安排自己的人生。因此，我并不尝试鼓励人们，而是试着去告诉他们什么是动机以及他们如何自我动机。

现在关于动机的理论有很多。心理学家们也一直未能在为什么有些人收到动机而其他人却不能在这一点上取得一致意见。世界上的父母、教师、雇主都希望他们能找到原因。其实我们自身并不需要关注动机的神秘性。我们只需要知道有关它的两件事就可以了。第一件可以在本书第一章中找到。在第一章中，我曾写到成功的人对自己的生活负责，这意味着他们并不期待别人去动机他们。第二件我们需要理解的事情是动机（motivation）这个词的起源。它来自动机（motive）一词，《韦氏词典》里的定义是“存在于个体内心，而不是没有，能引起他或她去行动”。换句话说，我们所有的行为都有动机或原因。它来自我们的内心深处，其他人无法给予我们。

然而，我们现在所生活的社会却试图使我们确信，动机来自于他人，仿佛有个鼓舞人心的人一直在身边对我们说需要有什么或需要做什么。但是那种刺激来自外部，也是临时性的，更像是虚构的。它不是真正的动机，因为它不是来自我们自身。回想一下我在第五章时曾讲到，我们何时需要独立思考？其实，思考内容的一个重要部分就包括动机。它深深扎根在我们内心深处，驱使着我们去取得无法想象的成就。

自我激励的三个关键点

仔细思考一下你制定的重要目标——你确信人生里要去获得的东西。现在通过回答下面三个问题来检查一下你的动机：

- 你有足够的欲望去实现它吗？
- 你有完成它的坚定信念吗？
- 对于要得到的东西，在你大脑里有一个清晰的画面认识吗？

如果你很自信地对上面三个问题回答“是”，那么你就做好准备了。因为这三点是自我动机的关键。

1. 欲望

动机首先来自于一种欲望……当你想要某个东西时，你有得到它的积极性。

——丹尼斯·韦特利（Denis Waltley）

欲望是一粒种子，所有成就都从它开始。同其他特征相比，它更能决定我们在人生中是平庸还是成功。是欲望而不是能力，把普通的人同优秀的人区分开。它就是这样一个额外的东西，可以让平凡的人取得非凡的业绩。我很喜欢“点燃欲望”这个古老的习语，因为它描述得非常形象！有欲望的人是不可能停止不前的。欲望之火越旺，决心就越大，也就越可能成功。

芭芭拉（Barbara）是我的一个女学生，她就是一个很好的例子。像这个特殊项目里的大多数人一样，她也是离开校园很久之后又重返校园。她想在 45 岁时取得学士学位，那本来应该在 18 岁就攻读的。刚开始时她还有些担心，这当然可以理解。我记得她当时说她只是想拿个学士学位，如果平均分能拿 B，她会更高兴。我注意到仅过了一个星期，她内心的激情就被点燃了，她不仅仅是学习，而是学得非常优秀。她的第一次课外作业完成得非常漂亮。于是我建议她把目标定得更高些。她听了之后笑得非常开心！从那之后她的作业都是做得最好的。我记得我在她的一篇论文上写上了批注："你绝对充满了激情！学习成了你快乐的一部分！"欲望会膨胀的，哪怕欲望之火得到一点煽动，一些不可思议的事情都会发生。芭芭拉的欲望之火烧得很旺，她现在已经把目标定为平均分 A，并想取得硕士学位。

欲望的一个重要方面是对我们自己许下诺言，而不是对其他人。在最艰难的时候，诺言可以让我们继续前进。当面临逆境或失败时，我们不是放弃，而是坚持。著名心理学家乔伊斯·布拉德斯博士（Dr. Joyce Brothers）认为，承诺是成功者最关键的品质。她说："总的来看，成功男人和女人都有一个共同点——承诺。它的重要性难以估计。”这种欲望使我们变得更强大。它使我们在需要作出牺牲时敢于牺牲；使我们从寻找目标到去完成目标付出更多的努力。欲望是强大的内在动力——成功的关键要素之一。

2. 信念

在任何事业上，你成功的可能性都可以用你的信念测量。

——罗伯特·科利尔（Robert Collier）

在几年前，我发现有很大比例的学生因为患同一种疾病而变得残疾了，这使他们不能像正常人一样去生活。这种疾病不仅死亡率高，而且具有很高的传染性。它在校园里传播很快，最奇怪的事情之一是几乎他们都知道自己得了这种疾病。事实上这种疾病甚至都没有被命名。因此，我给它起了个名字。我告诉他们，学校里有一种叫做 EFWIC 的流行疾病正在传播。他们听到后全都困惑地看着我，然后齐声回答说“不可能”。

我告诉他们 EFWIC 是指“我为什么不能做的理由”。他们听了之后更困惑了。这时我打开一张六英寸的海报纸，把它钉到隔壁房间的墙上。然后我说：“今天当你每次为自己寻找理由时，或听到其他人寻找理由时，你们就把它记下来。明天来到教室后在这张我称为主要理由清单的纸上写下你所有的理由。”这张纸很快就填满了，以致到了第二天早上我们不得不又增加了一张2英寸的海报纸。到了周末，教室的墙上贴满了学生们写的他们为什么不能做事情的原因的海报纸。我问他们，谁能解释我为什么把习惯性理由称作是一种疾病。这时班里最安静的一个孩子在整个学期里第一次举起了手。他回答说：“如果我们一直寻找我们为什么不能做的理由，那么我们就永远找不到我们为什么能的原因。”我听了之后，展开双臂大声喊道：“哈利路亚！这是我听到的最好的话了！”

我们应该寻找我们能做好的缘由，而不是寻找我们不能做的理由。我们唯一的限制是被附加在自身的，首先来自别人，其次来自自己。这些限制存在是因为我们相信他们存在，除非我们用一套新的观念取代它们，否则它们不会消失。在前言中我曾写到，大多数人不知道他们自身有多优秀及他们能实现自己多少人生目标。我们需要认识到我们比自身展示的更能干。我们有内在资源，虽然我们还从未使用过，但对我们来说那是个好消息。第一步挖掘我们所有的潜能可以坚定我们的信念，即使我们冒失败的风险，但至少我们敢于去尝试。最终，付出的努力会得到回报。它可以使我们取得较小的成就并建立自信心。反过来，这又会带来更多的成功。当我们养成有建设性的思考习惯时，一个新的循环就开始有序运行了。我们相信自己，并开始寻找我们可以做的原因。

理查德·狄维士是一个成功的商人和《信念》一书的作者，他说，经常有人问他的动机秘诀是什么。但是他声称对动机一无所知，他也没有什么秘诀或诀窍。他说他所知道的最有价值的事情是大多数人可以完成任何他们认为自己可以做的事情：比学一门简单的课程更重要的是，我的经历已经教会我要有坚定的信念、自信的努力，相信你能，你就会发现你真的能！大胆去尝试！你将惊奇发现许多好事情都可能发生！

好的事情发生是因为我们相信它会发生，我们使它发生。

3. 精神图像

在你行动之前，你必须首先清晰地看到事物就在你的脑海里！

——亚历克斯·莫里森（Alex Morrlson）

在 20 世纪 30 年代初期，一位名叫约瑟夫·施特劳斯

（Ioseph Strauss）的工程师经常去旧金山的一个地方，在那里他可以看到海湾的起始点。在他脑海里，他构想这样一个画面，有一座桥将海湾的南北两岸联结起来。他想得越多，这个画面就变得越清晰。在2002年，我们庆祝了他曾经的梦想——金门大桥（Golden Gate Bridge）建成65周年。

1961年，约翰·肯尼迪总统说，美国已经制定目标，在十年之内把一个宇航员送入月球，并让他安全返回到地球。几百万民众都认为那是不可能的事情。但是一群在美国国家航空航天局工作、信念坚定的人却早已在脑海看到了这个事情的发生。当1969年我们看到宇航员尼尔（Neil）在月球上行走，然后安全返回地球时，他们已经在脑子看过了几千次。

当比尔·盖茨还在哈佛大学读本科时，个人电脑还处在它的早期发展阶段。大多数人只把它视为储存大量数据和进行文字处理的机器。盖茨却看到了电脑其他的发展潜能。他预想到我们今天可以用计算机处理很多事情。当他参加一些不感兴趣的讲座时，他就经常想到个人电脑的发展。他不仅思考个人电脑，而且开始编写将来使我们生活方式发生革命性变化的可视化软件。他将头脑中的图像在纸上画了出来。剩下的故事我们都知道是怎么回事了。

世界级的运动员能够在脑海里形成生动的图像，使他们在比赛之前做好准备，老虎·伍兹（Tiger Woods）就是其中之一。在2001年出版的《我如何打高尔夫》（How I Play Golf）一书里，他解释了一些他自己研发的技术。他谈到“比赛内的比赛”，并说在任何运动中掌握精神图像具有很大的重要性。在大师锦标赛之前，他会看他自己和其他人获胜的录像带。这不仅可以帮助他“看”，还可以让他在抵达奥古斯塔之前“感觉”整个比赛过程。他还声称，“对过去成功的瞬间回忆”有助于他为某次特别击球做好准备。在真正获得比赛胜利前，他头脑中已经看到了自己的成功。在他看来，在没有参加比赛之前他就已经看到自己获胜了。

在上面四个例子里所使用的技巧，有不同的名字，比如，可视化方法、精神训练法、想象指导，而我把它称为精神图像。一定要记住我们是用图片而不是用文字。对于我们要做的事情，我们想象得越清晰，想象得越多，我们就越可能去做它。我们的想象就是最好的动机因素。

查尔斯·加菲尔德博士（Dr. Charles Garfield）是加利福尼亚大学的一位心理学家，多年来专门研究在科学、商业、工业以及体育领域取得很高成就的人的习惯。他说，这些人都有一个共同点：“……报告说他们有高度发达的、在大脑里想象成功的行动画面的能力。他们从精神上练习一些特殊技巧和行为，促成了那些结果和他们最终所要取得的成就。”加菲尔德还报告他们相信另外一件事情：“所有人都坚称每个人都有自我发展和成就增长的潜力，起点在于内心决定变得优秀。”

如果你有燃烧的欲望，坚定的信念，清晰的构想，那么你就有了你需要的动机。

动机是一种内在的动力。

——丹尼斯·韦特利（Denls Waltley）

第十二章

目标就是有时间期限的梦想

有人生目标的人能够获得成功是因为他们知道人生努力的方向在哪里。

——南丁格尔伯爵（Earl Nightingale）

动机与目标：无与伦比的结合

动机之后再讲目标是有着重要原因的。把二者结合，不仅是人类力量最重要的来源，还是所有成功的萌芽。当我们把动机与我们的目标结合后，再也没有什么东西能够阻挡我们成功。所有的成功，无论大小，皆由目标而点燃，由动机为动力。

在上一章，我曾提到经常有人请我作动机方面的演讲。尽管我并不相信外在动机，但是我还是接受了大部分的邀请。这听起来似乎有些矛盾，实际情况都并非如此。我并不是试图去激励他们，而是去说明自我激励的重要性，并向他们解释欲望、信念及精神图像所扮演的角色。下面我将讨论一下我最喜欢的主题：目标。我想除了目标之外再也没有其他什么主题能够引起我的兴趣了。在我们的人生之中，目标不仅随处可见，还是我们所拥有的最有效的自我动机。我们设定的目标及动机的深度，决定我们的人生。

为什么目标如此重要

定义成功的方式有很多种。我所见到的最好的定义是：成功是通过持续实现有价值的目标，来逐步地获得成就。如果在世界有一件事物，能够让各行各业的专家在关于人类成就上取得一致意见，那么这个事物就是设定目标的重要性。成功并不是偶然发生的。取得成功需要进行设计。查尔斯·加菲尔德，在前面章节中提到的心理学家，曾研究过宇航员、世界一流的运动员、科学家、发明家、商业领袖以及其他取得很高成就的人。他认为任何类型的成功者“都有一种使命感”：伴随着强烈欲望的明确目标。在人类历史上，目标是一切成就的起始点。过程总是雷同的：梦想成为目标，目标又变为成就。或者像拿破仑·希尔（Napoleon Hill）所说：“一个人只要坚定他的信念，就没有做不成的事情。”

没有目标的人生就如同进行一次没有目的地的旅行。如果你不知道自己奋斗的目标，不论你选择走什么样的路，你都可能会随时放弃努力。却并不知道原因。可悲的是，我看到了太多的人走向这同一个地方。我之所以称之为悲剧，是因为本可以选择不走那样的路。不论年龄或环境，这个相对简单的事物都可以改变一个人的生命历程。

这个事物我们可以把它定义为一套目标。

不幸的是，我们在教室里并没有学到有关目标的事情。这也是为什么我在引言讲到，在学校里，我们并没有告诉孩子们“生活是什么”或“什么是生活的本质”。目标设定就是生活的本质之一。希望本章能够填补你教育上的空白。在过去的30年里，我看到由于有了目标，有些人的生活发生了很大的变化（包括我自己的生活）。我们难以置信地看到，当人们了解目标是什么、制定目标有什么好处以及如何实现目标时，他们变得无所不能。

制定目标的好处

拥有目标可以在以下几个方面使我们的生活变得丰富多彩：

- 动机——目标是动机的起点。它们使我们精神焕然一新，并开始努力。
- 独立——目标有助于我们对自己的生活负责。我们将不再随波逐流，或在人生中迷茫，而是选择一条属于自己的道路，一条能够完成雄心壮志的道路。
- 方向——目标给了我们一个目的地。如果我们知道自己将要往何处去，那么我们更有可能到达那个地方。

- 意义——目标给了我们一种目的意识。当我们清楚我们需要什么时，生命将会变得更有意义。

- 乐趣——目标是最令人害怕的社会疾病——无聊的解药。当你兴奋地去做一件事情时，你怎么可能会感觉到无聊呢？目标使我们的生活变得更加有趣，也更有挑战性。

- 成就感——目标，比任何事情都重要，它能够使我们发挥自己的潜能。制定目标有助于我们理解什么是可能的。实现目标的路上，每一个成功的步伐都会建立我们的自信。每一个已完成的目标都有助于我们理解什么是可能的及确定新的目标和取得更多的成功。

梦想何时变成目标

我在大学里开设过“组织变化与计划”这门课程，授课内容包括制定公司目标。由于我想让学生思考一下他们个人提升与计划，因此我在课堂上用了一部分时间讲述个人目标制定。我布置了一个简单的家庭作业：写下自己的十个人生目标。在第二次上课时，我让每个学生都分享一下各自的人生目标。戴安娜（Diane）是一个四十五六岁的女学生，为人善良热情，她第一个说了自己的人生目标。她说："我一直梦想有一天能够在欧洲生活。"我说："太好了，这几乎可以算一个目标了。我们可以通过把它分解为一些简单的事情来使它成为一个目标。"学生们的表情变得很困惑，我知道戴安娜会紧接着问一个问题："为什么这不是一个目标呢?"她很想知道。

我回答说，"目标是有时间期限的梦想"。接着我进一步解释如何在我们的梦想前面放一个时间期限。第一步是把它们转换成目标。下一个问题是："把它们转换目标需要做什么?"答案是："欧洲是一个很大的地方，是一个完整的大洲，你们认为把它缩小为一个具体的国家，或进一步缩小到一个地区或城市怎么样?"我接着解释说，"梦想在欧洲生活"就是一个用来解释"接近目标"的很好的例子。这些梦想不能实现是因为他们被表达的不够清晰。如果只是一个轮廓，人类的梦想是不会实现的；只有当梦想变成明确的目标时，才有可能实现。在上一章中，我就给出了一个极好的例子：约瑟夫·施特劳斯的金门大桥画面变得越清晰，他就越可能实现它。

在这次特别的课堂上，成年人似乎对目标特别感兴趣，因此，我们又做了额外的练习，同时我告诉他们制定目标和实现目标的基本原则是什么。当后来他们对课程内容评价时，他们一致认为制定个人目标那一单元是最有价值的。在那一年，他们都取得了大学学位。在一次班级重聚的宴会上，我们对此进行了庆祝。从那以后我的学生就各奔东西了。

大约三年后，我收到了一个包裹，邮戳显示来自奥地利维也纳。我打开后看到在页面的最上方写着“目标是有期限的梦想!”这是戴安娜写给我的。她说她已经将“某一天”改为具体的某一年，并缩小了“欧洲”的范围，首先是去奥地利，然后再去维也纳。她现在在联合国工作，并且已经签约。她的梦想已经成真——其他的梦想也会实现！在信的末尾，她说她知道我有一个很长的旅行目标单。“维也纳也在目标单上吗？你是否已经来过了？你将来有机会来奥地利吗?”她很想知道。我的回答是“是的，没有，有机会去”。维也纳，我以前从没有去过，而它又刚好在我那个夏季旅行目标单上。因此，在收到戴安娜的来信后不到两个月，我和妻子凯茜（cathy)，戴安娜和她的未婚夫，我们四人在维也纳一起共进晚餐了。这是多好的一番庆祝啊!

这是一个非常好的例子，可以让我们看到，当梦想变成目标后会发生什么事情。仔细想一下，当你制定并列出你的整个目标后，然后开始实施，那么可能会发生什么呢。对一个有意义的人生来说，目标就是一个蓝图。第一次听到制定目标的原则和好处时，我大约是 30 岁。那时我写下的目标及后来我又增加进去的目标，比我所能想到的任何事情都更丰富我的人生。我现在已经 60 多岁了，也有了比以前更多的目标，并且每当查看我已经完成的目标及增加新的目标时，我都很愉快。相信我，这非常有趣！

我最好的建议

如果允许我为改进国家教育许一个愿望，那么这个愿望将包括在每个中学和大学里开设制定目标指导课。这非常重要！其他任何事物都不可能像目标那样指引我们方向，引导我们取得成就，度过一个有意义的人生。

1. 理解目标和愿望之间的差异

如果你向 100 个人询问他们的目标是什么，那么你会发现有三个答案频繁出现：快乐、富有、成名。它们不是目标，而是愿望。愿望是我们期望在我们身上能够发生的、比较模糊的梦想，它与目标存在着巨大的差异。目标则是一个清晰的想象，通过我们的努力，可以实现。实现目标需要勤奋工作、自我约束及充分利用时间，这也正好是随后三个章节的主题。

2. 写出你的目标，并明确化

我们会为建筑房屋、商业活动、会议、婚礼、体育运动、宴会、度假、退休等事情起草计划。但是我们有没有为我们的生活制定过计划呢？其实那些计划就是目标。你做得最好的投资之一就是花点时间坐下来，思考并写出一张目标清单。它将会变成一个使你人生激动不已、充满意义的蓝图。写出目标是自我承诺的第一个行动。能够以书面的形式看到它们，是把它们转换成现实的第一个阶段。

要尽最大可能把你的目标写得明确，并设定期限。你的目标设计得越明确，那么你对它的认识也就越清晰。在进行人生规划时，还要考虑到一些其他事情：完成最大的目标需要采取哪些措施？有哪些障碍需要克服？需要谁的帮助？需要学习什么？会得到什么回报？你将目标写得越明确，人生规划就越清晰。

3. 将目标分类，平衡各类目标

在生活中获得成功的一个关键是要有平衡意识。如果在人生中只有一类目标，我们将会变得盲目。它缩小了我们的视野，使我们不能从多个角度考虑问题。避免出现这种情况的最好办法就是把我们的目标分成不同的类别，这样我们可以拥有一个丰富多彩的人生。将目标进行分类还有助于我们从长远的角度思考问题，它不仅能够使我们在各个目标之间进行平衡，还可以使我们在生活的各个方面进行权衡。

我看到的第一个私人目标单就对人生目标进行了分类，因此我也对自己的目标进行了分类。你一定要记住，目标并不是不可改变的，也不存在着什么规则说我们不可以改变自己的规划。我在 30 多岁制定的一些目标及部分类别的目标，也已经随着我的兴趣和价值观念的改变而发生了变化。但是我一直坚信，正是那些不同种类的目标，才使我们的生活变得更有趣。尽管我很鼓励你们自己动手将自己的目标进行分类，但是你会发现我在下面所提供的一个分类单对你们非常有帮助：

- 教育
- 职业
- 收入
- 物品（我想拥有的东西）
- 家庭
- 乐趣/冒险（我想做的事情）

- 体育运动
- 个人成长
- 精神生活
- 学会做事
- 旅行——在美国国内
- 旅行——国外

4. 定期检查目标，并进行修订

你曾经把要做的事情列在一张清单上吗？难道你没有感觉到你看清单的次数越多，完成的事情也就越多吗？这也就是我们为什么通常把那些清单放在我们容易看到的某个地方的原因。我们需要经常“看到”它们，最少也要一个星期看一次。这些话和我在前面精神图像中讲的一样。我们会成为我们所认为的样子；我们会实现自己的目标。这有点像未来的美好事物在我们面前的预演。经常想象我们的目标在眼前呈现出来，可以让我们朝着这个方向努力。它也有助于我们集中在自己的目标上。

至少一年修改一次目标清单也是一个不错的办法。每年的一月我都会做这个事情。如果早期写的某个事情已经不再是我的目标，我并不是选择把它删掉，而是在它前面写上 NLG。由于制定目标是持续不断的过程，因此能够在以后的时间里回顾一下自己的目标，并明白自己是如何改变的，这也是非常不错的事情。我也会增加新的目标，或是在某个时候改变目标的分类，或是将目标细分成更小的分支，这就像我把旅行目标进一步细分为国内和国外时做的一样。另一个有价值的事情是在一月份把今年所有要完成的目标都标记出来。

经常查看你的目标，在需要的时候修改它们，并且最重要的是，尽你最大的可能在脑海里想象一下它们的样子。

结论：

目标给我们方向和目的。

目标使我们的生活有意义。

目标使我们激励自己。

目标使生活充满更多乐趣。

目标给生活带来更多的回报。

目标使生活变得更美好。

事实上，世界上没有什么事情能够阻挡一个有着清晰目标、并积极进取的人。

——丹尼斯·魏特利（Denis Waitley）

第十三章

没有什么能够代替勤奋工作

生活给予的最好奖励是有机会在做值得做的事情上勤奋工作。

——西奥多·罗斯福

勤奋工作的回报

激励的力量很大，目标也很重要，但是没有勤奋工作的话，我们将一事无成。如果某件事情值得去完成，那么就一定会要求我们全身心地投入。当我们付出时间、精力，做出牺牲，甚至冒着失败的风险去勤奋工作时，生活中的美好事情就会在我们身上发生。成功要求我们做事情有韧性，这只有那些不畏惧挑战、保持勤奋工作、有着优良传统的人能够做到。如果我们想实现梦想，就必须努力地工作。

勤奋工作的最好结果不仅仅是可以使我们梦想成真，它还带来其他回报和好处，体现在以下十个方面：

（1）勤奋工作有助于我们发挥出我们的潜能。当我们从所做的工作中得到回报时，这将刺激我们付出更多的努力。它使我们看到什么事情是可以完成的。成功使我们自信，自信又带来更多的成功。

（2）勤奋工作使我们勇敢面对生活。生活充满了艰辛我们每天都面临着各种挑战，是选择抱怨、放弃还是选择勇敢面对？毫无疑问，勤奋工作和积极的态度是我们能够采取的最好的办法。

（3）勤奋工作使我们身心愉快。完成工作任务并知道我们已经做得最为出色，这一满足感是其他任何感觉都无法相比的。

（4）勤奋工作塑造我们的人格魅力。我们表现自己本质的最好方法就是我们愿意去工作。持续不断和诚实的付出可以展现我们最好的一面。

（5）勤奋工作可以赢得他人的尊重。当我们尽最大努力去做事情，特别是我们能持之以恒时，我们就会得到别人的尊重。我们取得自信和他人信任的同时，也会赢得卓越的声誉。

（6）勤奋工作帮助我们建立自尊。只要我们始终发挥出最好的能力，不半途而废，我们就会懂得自尊自爱。无论我们成功还是失败，只要我们曾经尝试过，我们就不会有遗憾。

（7）勤奋工作使生活变得有意义。为目标奋斗不仅是人生中最有意义的事，也是人生中辉煌的经历。只要我们有明确的目的，那么我们就有充足的理由去勤奋工作。

（8）勤奋工作可以得到最好的结果。当我们收获成功的硕果时，生活就会变得更加有趣和美好，因为那些成就是我们全身心投入并努力奋斗的结果。

（9）勤奋工作成为一种习惯。习惯是成功的关键，并且诚实、礼貌、勤奋、感恩是四个最好的习惯。

（10）勤奋工作有益身心健康。当我们勤奋工作时，我们是在用积极的方法活动大脑和四肢，因此，它对我们的精神和身体有好处。勤奋工作有益身心健康，使我们更长寿。因此，勤奋工作对我们是有益的。

成功的共同点

著名的民意测验调查专家乔治，盖洛普和亚历克·盖洛普（George and Alec Gallup）与一名记者威廉·普洛克特（William Proctor），完成了一个有关成功主题的广泛调查。他们花费了 1 000 个小时与列入“美国名人录”（Who's Who in America）的名人面谈，这些名人成功的领域各不相同，有商业、科学、艺术、文学、教育、宗教、军事等，他们把面谈的内容编成一本书，叫做《美国伟大的成功故事》（The Great American Success Story）。

面谈的内容包括家庭背景、教育、性格、兴趣、能力、宗教信仰、个人价值。研究者的目标是想发现这些高成就者的共同点。尽管他们的回答都不尽相同，不过有一个共同点，就是有长时间辛勤工作的意愿。所有受访者都表示，成功并不是由好运气、特殊才能带来的，而是他们通过极大的努力与坚定的决心取得的。他们不是去寻找逃避辛勤工作的捷径和方法，相反，他们更愿意辛勤工作，并把它视为成功过程里不可缺少的一部分。他们一致认为，真正的成功者是那些最配取得成功的人，因为他们都付出了代价。

当一位受访者被询问到他个人的成功公式时，他回答说：“……对从事的工作感到自豪及拥有完成目标所需要的毅力。”这是最有代表性的回答。所有的受访者都鼓励人们要有长时间辛勤工作的意愿，也都一致同意，养成良好的工作习惯是任何一种成功类型所必备的最重要的要素之一。

作者的另一个目的是想回答这样一个问题：谁会取得成功？答案很鼓舞人。他们通过对访谈资料的分析，得到了这个结论：“本书的教程之一就是想告诉大家，任何人都可以取得成功！”太多人把自己限定为中庸之才，实际上，他们都有更多的潜能未发挥出来。如果一个人愿意采取正确的步骤前进，他就可以成功。这三个最重要的步骤是自我激励、设定目标、辛勤工作。作者又说，他们并没有在研究的结果里找到什么惊人的发现，但是他们的确发现一件事情，它支持着一个持久不变的信念：“因此，在这里我们的发现证明了美国的传统信条——报酬来自辛勤的工作与坚定的决心。”

成功是否存在捷径?

在我成长的20世纪50年代，道理是很简单的：只有努力奋斗，才能取得成功。你必须要有耐心，因为获得成功需要在很长时间里辛勤工作和作出许多牺牲。在我看来，现在媒体以一种相反的信息来激励我们：我们可以迅速轻易地获得我们想要的一切东西。最近，也就是在两天里，我从收音机里听到这样一个信息，只要你愿意花费50英镑，你就可以学会一门外语，取得承包商许可证，成为电视音乐节目主持人，甚至在房地产市场上赚取数百万美元。毫无疑问，只我们愿意去做，那么我们可以无所不能。但是每条信息的核心思想都是我们不需要工作、等待、奋斗或作出任何牺牲。仅仅在几天之内，我们就可以不费吹灰之力完成所有想做的事。或许是圣诞老人、复活节兔子还有仙女教母助了我们一臂之力吧。

不幸的是，当我们听到这些谬论太多时，我们可能会相信它们。已经有太多的人，包括各个年龄层次，相信这个虚假的成功模式。伴随着快速轻松的人生哲学，他们采取的是随手可得的生活心态。他们的生活主要是消费而不是生产。他们关心的是短暂的享乐而不是长期的满足。可是随后他们却痛苦地发现，生活并不是媒体所描写的那样。这也是为什么我在第五章时说我们必须学会自我反思的原因。获得成功没有捷径、窍门或秘密。只有辛勤工作，我们才可能取得成功。

工作与乐趣并不冲突

很明显，本章的目的是想指出辛勤工作的好处。但是，我并不是说在人生中为了获得成功，我们只能不停地工作。如果那样，对我们自己及与我们关系亲密的人都是危险的。请记住，在第三章中，我已经强调了开怀大笑和享受乐趣的重要性。在第十二章，我列出我的目标分类。最大的目标之一就是“乐趣/冒险”。相信我，我曾举办过一个舞会来做这些使我开怀的事情，并且畅想那些我仍将去做的乐事。

为了乐趣，我们需要在工作的同时也要进行休息，并且，在生活中保持工作和乐趣之间的平衡是非常重要的。

我们同样需要理解工作和乐趣并不是相互排斥的。在我们工作时，我们可以开怀大笑、玩耍，过得开心。在我看来，教学是这个世界上最难的工作，特别想把它做得完美就更难了。我已经当了35年老师，在教育事业上耕耘一生，但我也同样度过了一段美好的时光。我的学生可能偶尔会令我头痛不已，但大多数时候他们都很热情、有礼貌，充满了惊喜和乐趣。我一点也感觉不到孤独。我只同积极向上的人交往，并认识很多律师、医生、商人，他们都能把他们的工作看成一种游戏。辛勤工作，但却充满了乐趣。

伟大的工业家阿曼德·哈默（Armand Hammer）在1990年去世时已经有92岁高龄了，他有一次被问到像他这样年龄，怎么还会有这么多的精力环游全球去从事商业活动并与各国政府首脑会晤。他回答道："我爱我的工作，甚至等不及开始新一天的工作。我每天醒来时脑子就充满了各种各样的想法。一切都是那么富有挑战性!"伟大的剧作家乔治·萧伯纳（George Bernard Shaw）在大约一百多年前也说过类似的话。他写道："当我去世时，我希望自己被彻底地耗尽了！因为我活得愈长，愈会更加辛勤工作。"我想哈默和萧伯纳也会同意我的观点，没有什么能够取代辛勤工作。

依我看来，许多的不快乐似乎是源于神经紧张。坏的神经紧张是因为人无事可做，或是把事情做得很糟，做坏了、失败了。在世界上所有不快乐的人里面，最不快乐的是那些还没有找到自己想要做的事情的人。真正的快乐临到那些把事情做好的人，他完成了工作之后总有一段休息、恢复精神的时间。真正的快乐来自当天有适当的工作量。

——林语堂

第十四章

有得必有失

决定什么是你所需要的，为达到目标你愿意放弃什么，优先考虑重要的事情，然后立即行动。

——H. 拉马特·亨特（H. Lamat Hunt）

取得成就的另一个关键

自我激励、制定目标和辛勤工作将会使我们在成功的道路上走得很远。加上自我约束就会走得更远。对于个人成功公式来说，它只是其中的一部分。它也许是最核心的部分，因为我所认识或了解到的每个成功者都表示它是完成任务的绝对关键。没有它，你将一事无成。有了它，你可能会取得比你所梦想到的还要多。

既然在我看来，自我约束具有如此高的地位，那么就有必要去说明它到底是什么。但是，由于它是一个经常遭到错误理解的术语，我首先需要解释它不是什么。有人认为自我约束是指避免做一些有负面影响的事情。其实这是把自我约束与自找麻烦混为一谈。自我约束有时也常常被认为是自我限制或自我否决。我最近听到有人说，自我约束的人都很死板，不会灵活变通。这些见解都是错误的。真正的自我约束是一个人可以拥有的最积极的品质之一。我比较喜欢《韦氏词典》对纪律所下的定义：“通过训练使之改正、改造、加强或完美。”还有什么比这更积极的方面呢？自我约束表示培养自己去完成事情。它意味着规划自己的成功计划，全心投入，坚持到底。自我约束有时也被视作自我决定。当你身体力行它时，你会意识到你控制了自己的生活了。你单独决定你想要取得什么以及何时取得。从根本上说，自我约束是指对自己的生活负责。

我对自我约束下的定义是："即使不喜欢某件事情，但是由于完成这件事情的回报远远超过暂时对任务本身的不愉快感觉，也必须去做。"我们知道你想使自己处于最好的身体状态。你可以做，但是必须放弃一些东西。它需要辛勤工作，作出牺牲，承担痛苦及严于自我约束。你可以询问任何一个长跑运动员、游泳运动员、举重运动员或铁人三项运动员是否在训练中一直是很愉快的。他们会响亮地回答你"NO"，如果问是否要放弃一些令人愉快的事情而做一些不利的事，他们会说"YES"。听起来那样做似乎是愚蠢的，但是肯定有合理的原因在里面。它值得我们一直承受痛苦、作出牺牲吗？答案是肯定的。我们得到的比我们失去的要多得多，并且拥有它们的时间会更长。

在需要自我约束方面，我们的特长之间并不存在显著差异。无论你的特长是绘画、音乐、体育、商业、计算机或智商游戏，你都需要培养自我约束。哲学家埃里克·弗洛姆说过，没有自我约束，我们的生活将缺少中心，变得一团糟。如果我们只在情绪好时做事，那么这充其量来说是爱好。他认为除非我们训练有素，否则我们不可能在某方面有特长。另外一个需要我们自己培养的部分是对自己负责，那也可以解释自我约束是什么。它意味着要我们接受这样的事实：生活充满艰辛，轻易地或不付出代价地得到有价值的东西是不可能的。它表示我们为了得到一些更持久的回报，必须愿意放弃一些暂时令人愉快的东西。这也可以使我们更好理解本杰明·富兰克林的话——“没有付出，就没有回报”。自我约束使我们对付出和收获都要负责。这才是真正取得成就的时候。

先吃苦，后享乐

我们生活在一个崇拜舒适、安逸、快乐和片刻满足的社会里。想象一下有多少事情我们只需要按一个按钮就可以完成：打开车库的门、煮饭、打电话、洗干净衣服并甩干、发电子邮件、打开电视节目、转换频道、开空调。

这还只是在家里。在汽车里和工作中，我们还有更多的按钮。只要按一下按钮，就可以轻易、快速地完成工作，完全不需要辛勤的付出和承受负担。每天又有“你可以全部拥有”、“你可以立刻拥有”或“你值得拥有”这样一种信息铺天盖地向我们涌来，以增强这种观念。很明显，很多人接受了这种生活哲学。每次当我看到商业信用卡上的“把握时机”时，我就会想到这种生活哲学。你看到这样一个景象，只需要快速地刷一下小塑料卡片，你就可以拥有一切及去所有具有异国情调的地方。“现在享乐，以后付款”正是这种典型的生活方式。实际上，有太多人过着这样的生活。他们寻找快速、容易的生活方式，然后提前享乐。因此，他们需要以后付出。相信我，他们一定会付出的！无论有多少人陷入这种生活，这种生活方式都是与真正的生活背道而驰的。只有我们现在付出，以后享乐，才是真正的成功。这也就是所说的自我约束，其实质是推迟享乐主义：推迟享乐的意愿和能力。它意味着现在工作、痛苦、牺牲，好的生活以后就会到来。世上不存在招之即来的享乐，没有付出就没有回报。

在之前的章节中，我提到过斯科特·派克的书《少有人走的路》。派克所讲的这条路在入口处有一个路标，上面写着：“人生是艰辛的。”书中的前三个森林就是这样的困难，所以这就是比较少有人在走的一条路。太多人在寻找一条完全没有困难的路，一条容易走的、平坦的路，但是世上并没有这样一条路。派克说：如果我们学会先吃苦、先牺牲，之后我们将加倍得到快乐。请留意他并不是说避免痛苦，而是先吃苦，即在取得任何收获之前，都要先有所付出。你必须先学会放弃，才能够有所收获。

作出选择：你愿意放弃什么？

每次当你选择了某个目标或事物时，你就会放弃更多其他的东西。纪律就意味着选择。

——西比尔·斯坦顿（Sybil Stanton）

选择“先吃苦、后享乐”的三个例子

例1：我的大学学生大部分都从事全职工作，并已结婚，因此他们上课时间都很紧张，至少说，除了每周要在工作上花掉40个小时或更多时间外，他们每周还要上4个小时的课，并且需要再花费20个小时在作业和阅读上面。因此，如果他们想取得优异的成绩，就不得不作出一些重要的选择。

他们要放弃什么：周末的娱乐休闲时间，睡懒觉，度假，家庭郊游，业余爱好，轻松愉快的生活方式。

他们会得到什么：知识，大学学位，终生学习的欲望，工作升迁的机会，成就感，增强自尊，来自家庭、朋友和同事的钦佩。

例2：20世纪80年代后期，我当时正在给一群高二和高三的学生教授“个人成就心理学”中的一个单元，上课内容就包括自我约束。我把存钱作为一个需要自我约束的例子。下课后，一个高二的女孩问我是否可以在午餐时和她聊上几句。几个小时后，她告诉我说她有一份非常好的兼职，每周可以挣一百多美元。这时，她说道："但我把它们全花光了。"她想让我更明确地告诉她如何进行自我约束和存钱。我问她把钱都花在什么地方了。她说："购物……还有玩乐。"我问她可不可以少买一点东西和少玩一点。她回答说可以。然后我们制定了一个计划，在每个星期领到薪水之后，先往她的储蓄账户上存 40 美元，然后再把剩余的钱拿去消费。

她放弃了什么：少看几部电影和少听几场摇滚音乐会，少买几盘磁带和 CD、几件品牌服饰、速食和其他的东西。

她得到了什么：在毕业的前几天，她给我看了她的存折，上面最后一行显示她有 4 851.2 美元的余额，在 1990 年，对一个高中生来说，那是很大一笔钱。这是因为她每周的定期存款常常超过 40 美元，再加上可以获得银行利息。除了获得很多积蓄，她也很好地上了一堂实用的经济学课，在自我约束上积累了宝贵的经验，对自己处理金钱的能力有了信心，并有一种很强的成就感，也更自尊自重。她说，这次经历同样使她明白，生活中最美好的事物不是用钱可以买到的。

例3：许多年前，当我还是个孩子时，总是梦想将来参加NBA职业篮球赛。我个子很高，有运动能力和很强的欲望。从小学到大学，我一直在训练体能和培养技术，并且只要有打球机会，我都会积极参加。由于个人实力没有达到要求，我最终没能进入NBA赛场打球，可是，我所有的努力并没有白费。我仍然取得了回报——只是同我所期望的不同而已。

我放弃的是：部分休闲时间，冬季滑雪旅行，季节性的聚会及到处游荡。

我得到的是：运动的乐趣，奖励和认可，一所著名大学的全额奖学金（相当于现在的15万美元），很好的队员，大学教育和学位，在全美国旅行（包括夏威夷），好的工作习惯，有价值的自我约束训练和保持最好身体状态的热情。

在上面三个例子中，我们都在放弃和得到之间进行了比较。那么请你问答以下问题：

- 哪一种选择的结果持续的更久？
- 哪一种选择培养我们的性格？
- 哪一种选择更有意义？

现在再回答以下两个问题：

- 什么是你真正想要的？
- 为了达到目标，你愿意放弃什么？

自我约束是一种好习惯

“成功来自于每天一点一滴的努力。”

——罗伯特·科利尔（Robert Collier）

前面提到的三个例子不仅涉及作出选择，还包括培养习惯。从实质上说，自我约束就是：作出正确的选择，形成良好的习惯。通过一次又一次做一些微小的事情，最终我们取得了巨大的成就。换句话说：无论什么事情，实践，实践，再实践始终是取得成功的最佳途径。当我们在培养良好习惯的同时，我们不仅经历取得成就的整个过程，还感受到心底的成就感不断增加。这个过程可以简单地用下面的公式来概括：

作出正确的选择——培养良好的习惯——完成目标——获得成就感

大部分人要么眼看事情发生，要么就猜测将来会发生什么。自我约束则帮助我们使事情发生。良好的习惯有助于我们在事情需要完成的时候去行动，而不是在我们想要完成它们的时候才动手。这是取得丰硕成果的关键，也是幸福的关键。自我约束把我们的能力转换成技巧和潜力，然后转换为现实。我们只有在经过持之以恒的辛苦工作后并收获回报时，才实实在在地会感受到比任何时候都更幸福。

真正的纪律并不是用命令在背后鞭打你前进，而是在身旁用激励推动着你奋斗。一旦你领悟到约束是自我爱护，不是自我惩罚，你就不会害怕提到它，反而会去培养自我约束意识。

——西比尔·斯坦顿

第十五章

成功者不寻找时间
——他们创造时间

时间就是生命，它既不能倒流，也无法被代替。浪费时间就是浪费生命。一旦掌握了时间就是掌握了自己的生命，并将人生的价值发挥到极致。

——艾伦·莱肯（Alan Lakeln）

一个基本的人生技巧

你现在正很好地利用时间——因为你正在读我写的这本书。如果你在使用其他时间时也同样明智，或许你就可以不用阅读本章了。但是，如果你偶尔感觉到你的大部分人生和时间仿佛都没有能够正确地利用，那么你可能会在本章找到一些有益的建议。在第四章中我已经专门讲述了如何把潜能发挥出来：激励，制定目标，辛勤工作以及自我约束。现在我再加上一个：有效利用时间。如果你能把这五个因素结合起来，你就会成为少数能够学会成功地管理自己时间和生活的人之一。

二百多年前，本杰明·富兰克林曾说过，时间就是机遇，为了不虚度人生，我们必须学会充分利用时间。如果我们热爱生命，我们就应该珍惜时间，并明智地使用时间。在他著名的自传里，有许多关于他如何掌握时间的例子。

即使在学校里，教师并不教授时间管理，我们也比以前任何时候拥有更多的资源学习如何利用时间。现在大约有一百多本书的主题是探讨时间管理。除了各种各样的日程表和规划师，现在还有几个软件工程。我特别喜欢史蒂芬·科维写的管理类文章，因为他一直强调高质量地使用时间比简单地寻找如何使用时间更富有成效。科维在他的经典著作《高效能人才的七个习惯》中提出这个概念，并在《要事第一》（*First Things First*）一书中进行了充分的阐述。在《要事第一》中，他说："我们变得越来越忙于做'好的'事情，但是我们从未停下来问问自己，我们正在做的是否是最重要的事情。"

最重要的一步是形成一种新的看待时间的方式。我们把时间视为一种资源。时间总是存在，并且同其他资源一样，它既可以很好地被使用，也可以被浪费。但是，时间资源与其他资源之间有一个很大的不同：我们无法储存、储藏或积累，也没有办法让它停止或前进，更没有办法找到其他资源代替它。我们被迫一分钟一分钟地使用它。一旦我们用完，就再也不能重新得到。这也是为什么我们花费时间的方式成为衡量我们生活质量高低的方法。时间就是生命。

胜利者与失败者：他们如何对待时间

胜利者与失败者的不同之处在于，他们一直专注于把时间放在最重要的事情上。

——布莱恩·特雷西（Brian Tracy）

第四章的标题已经指明了本书的主题之一：“我们依靠选择生活，而不是依靠机会。”没有什么比我们选择怎样使用时间更能说明这一观点了。不是运气、遗传、时机或认识贵人相助，而是选择将胜利者与失败者区分开来。我们每个人每周都有168个小时的时间，但是在胜利者和失败者之间看待时间、讨论时间和使用时间上存在着明显的差异，例如在以下几个方面：

失败者：	胜利者：
他们消磨时间	他们利用时间
他们浪费时间	他们明智地使用时间
他们放弃时间	他们重视时间
他们让时间悄悄流逝	他们组织时间
他们认为时间自然而然的会有	他们珍惜时间
他们糟蹋时间	他们安排时间
他们找不到时间	他们创造时间

我并不是在这里暗示，无论何时浪费时间的人都是失败者，因为我们都会偶尔地浪费时间。我指的是那些浪费了大量时间以致他们以荒度人生而结束生命的人。我同样并不是说享受乐趣或放松休闲一下是浪费时间。我已经在第三章中强调了享受乐趣的重要性。有些人事实上需要安排更多的时间来放松自己，关键在于保持平衡。主要的一点在于那些成功者知道时间是最有价值的资源。时间是一项分配公平的资源，每个人每天都是 24 个小时，我们如何使用它决定了我们的生活将会是什么样子。

我们有足够的时间

与以前相比，我们有更多节省时间的发明，并且每年都有几个新的高科技产品问世，让我们更加节约时间。然而，却仍然有这么多的人抱怨说他们没有足够多的时间。前不久，《旧金山纪实》（*San Francisco Chronicle*）报上登出了盖洛普民意调查的调查结果，文章大标题是："人们认为时间不够用"在紧接着下一个版面，该文的又一个标题是"美国人觉得时间紧迫"，文章开头写道："美国人与时钟赛跑是一个非常普遍的现象。"作者解释说，80% 的美国人认为时间过得太快，他们无法完成所有想做的事情。很明显，有些观点是错误的。

人们对待时间的思想是不正确的。他们犯了两个基本的错误。第一，自从发明第一个时钟后，时间的走动速度并没有比以前加快。每小时仍是 60 分钟。第二，人们不能完成他们想做的事，原因非常简单：他们想做的事情太多了。或许是他们相信广告上所说的，“你能拥有一切。”事实是，这是不可能的。正如我在上一章中所讲到的，你如果想到某件东西，你必须放弃其他更多的东西。那些自以为可以得到一切和完成所有事情的人，永远不可能有足够的时间。在刊出盖洛普调查大约两个月后，《旧金山纪实》报上又发表了一篇文章，内容是关于人们重新检查自己做事情的优先次序。他们特别仔细地审视了自己使用时间的方式，但是他们对所看到的结果并不满意。于是他们减少了花费在对地位和权力的追求，对拥有一切的需求上的时间。当他们简化了生活后，他们表示现在有了更多的时间用来休闲和做自己想做的事。实际上，他们并没有比以前有更多的时间，只不过是他们换了一个使用时间的方式。他们学会了珍惜时间，把它用在真正重要的事情上。难怪他们说生活质量得到了提高。

我经常听到各个年龄层次的人都在说他们的时间不够用，但是这并不是事实。他们的意思实际是说他们不知道如何管理自己的时间。大多数人并没有像史蒂芬·科维那样发现，有效地使用时间是门技术。有效地使用时间，就如同操作计算机一样，是一门可以获得的技术。我们越精通这门技术，我们就会变得越有效率。然后我们开始认识到，原来我们有充足的时间。有句老话说，我们总有时间做重要的事情。在今天，这句话同样适用。

时间没有改变，变的是我们。历代的专家一直都在告诉我们，时间是充足的。下面是几个例子：

> 凡事都有定期，天下事务都有定时。
>
> ——《传道书》第三章第一节，
> 所罗门王，公元前951年
>
> 如果我们能正确地使用时间，我们永远都会有充足的时间。
>
> ——歌德，18世纪德国哲学家
>
> 我们将永远不会有更多的时间，我们现在有的和过去一直有的是我们所有的时间。
>
> ——阿诺德·班尼特（Arnold Bennett），
> 英国作家，1910年
>
> 世上不存在缺乏时间的事情，我们有充足的时间去做我们真心想做的每一件事。
>
> ——艾伦·莱肯，时间效率专家，1973年

每天早上当闹钟停下来的时候，我们都有一个完全崭新的机会，利用上帝赐予的时间去做我们想做的事情。并且在我们的余生，我们将每天都被赋予这样一个崭新的开始。

——史密斯（Hyrum Smith），

富兰克林时间管理的发明人，2000 年

掌握时间和人生的四个关键

现在已经有些书和研讨会以个人时间管理作为研究的主题，因此，对我来说，认为只用很少的几页论述，就能把你变成一个时间效率专家未免有些太自高自大了。但是，我们必须承认，无论我们想学会任何一门技术，都必须从基础开始学起。在我看来，有四个关键点具有至关重要的作用。这四点听起来容易做起来难，因为它涉及个人习惯的改变。但是我们知道，有高效的时间管理就是作出好的选择和拥有好的习惯。

1. 每天都作计划

成功的人生其实就是由一连串成功的日子组成的。所以，我们为什么不充分利用人生中的每一天呢？承包商有建筑计划，高管有商业计划，教练有战术计划，教师有教学计划。既然他们都这样做，为什么我们不能有每日计划呢？它并不需要我们精心制作，也不用花费太多时间，可是却非常有用。

有些人称之为制定做事清单，在我看来，是设置每天的目标。无论我们把它称作什么，实际上每一位成功者都以某种形式计划好他自己的每一天时间。

在所有的积极投资方向中，时间投资是最好的。如果你每天留出十分钟的时间（前一天晚上或早上第一件要做的事），写下你当天或第二天需要去完成的事，并按照重要性把它们排序，然后随身携带，你将会惊奇地发现，自己变得非常有效率、收获也更多。

当你每天把制定的事情做完后，再去看自己的每日目标清单，那种感觉非常美妙。实际上，在我们拥有的所有感觉中，成就感是最好的。完成任务并把它记录下来，不仅让我们感觉良好，同时也说明我们有了进步。如果你每天都能完成目标，那你的人生就会非常有收获。它是人生过程中很重要的一部分。每天的成就是一个成功人生的垫脚石。

2. 与自己做个约定

让我们假设一下你有个任务，它需要在下个星期四那天花费两个小时去完成。大多数人会对自己说“我必须在下个星期做完”。而你反而说的是“我将会在下个星期四下午的四点到六点之间完成”，请你注意这两句话之间的差别。一定要记住，我们只会想到更具体的事情。如果你对一个朋友说：“我们哪天聚一下吧。”那么你们可能聚不成。可是，如果你同朋友有了约定，你们就会见面。因为我们都愿意遵守自己的约定。

假如你有事情要去完成，你可能会把它推到最后时刻才去做。解决这个问题的办法很简单：与自己订个时间。在做其他事情之前，先决定去做它。然后决定何时做，并使自己在那个时间里专心做它。这听起来很简单，但是它不仅能帮你完成更多的事情，还可以使你有其他方面的收获：培养自我约束力，制定目标，克服拖延及教会我们更有效使用时间。

3. 采取一次做一点的策略

完成主要任务的有效方法之一就是一次做一点，而不是等着情绪好时或有适量的时间时才去做。在日程表里，要把每一个时段做什么都写详细。如果每天的同一时间做同样的事情，效果会更好，关键是能够坚持下去，成为自己的一种习惯。

一旦你养成了这种习惯，那么每天都会完成一部分任务。比如我们写一本书，如果从整体上看，工作量是很大的。但是如果你每天都写一页的话，即使星期六和星期天不工作，到年底时仍然可以写完一本 260 页的书。

这个技巧就同盖房子一样。单独的一块砖看上去非常小，一次只砌一块砖的盖房子过程也慢得让人难以接受。但是当我们一块又一块不停地砌下去的时候，那些砖就远不止是建筑房子的一小块材料，而是变成了一个非常大的整体。我们可以以同样的方式利用小块的时间。成功就是我们日复一日、一点一滴辛苦工作累积的结果。

4. 清楚自己什么时间做事最有效率

我们每个人似乎都有自己的“生物钟”，在一天里的某个时间段里，有人感觉他做事情效率特别高，而有人却感觉做事情的效率最低。有些人早上做事效率高，有些人则是晚上做事效率高。有些人一到下午二、三点钟就无精打采，有些人则精神十足。每个人的“生物钟”都是不一样的。最重要的是我们要知道自己的“生物钟”——自己什么时候做事效率最高。做日程计划时，我们应该考虑到这一点，尽可能把最有效率的时间留下来做最重要的工作。这也就是所说的时间最大化。

最后的提醒

我怎么能写了一整章关于有效利用时间的内容，却几乎没有提及到有关拖延时间的问题呢？大多数人都会这么说，那难道不是使用时间的最大问题吗？但是在我看来，拖延并不意味着永远都是错的。在某种程度上讲，每个人都有拖延现象。有些人把事情拖延最后一刻才做，是因为在压力下他们效率最高。但这些人只是个例外。大部分人在拖延时都感到内疚和效率低下。

我之所以在这里没有太多地讲拖延问题，是因为如果你按照我提出的有效利用时间的建议去做，你就不会出现拖延问题。你也不因为拖延而感到内疚，因为你只会忙着把事情做完。

当你意识到时间就是生命时，你就会充分地利用它了。成功取决于有效地利用时间。成功者不寻找时间，因为他们创造时间。

充分利用每一寸光阴。

——《以弗书》第五章第十六节

第十六章

没有人可以提高你的自尊

自尊是人们内心深处对自我价值的一种感觉。

——丹尼斯·韦特利

另一个加州风

约翰·奈斯比特（John Naisbitt）在他的著名作品《大趋势》（*Megatrends*）中把加利福尼亚称为新潮流的缔造者。在这里经常有新思想和运动出现。在19世纪60年代，加利福尼亚的嬉皮士开始质问我们的传统观念，开创了“和平与爱”运动。在20世纪70年代，一些海湾地区的心理学家们开始教人们如何自我实现，首创了人类潜力运动。在20世纪80年代，大多数加州议会成员认为社会问题的根源就在于人们对自己的价值缺乏认可，之前开展的自尊运动应该得到官方认可。

首先加入这个运动的是教育家，随后是家长和社工人员，最后，就连商业团体也加入进来。在这里，仿佛到处都有自尊专家。他们都有新项目和新方法让我们对自己感觉更好。其中许多运动最后都变成了彻头彻尾的蠢事。我听过很多种提升自己自尊的方法，其中有我自己读到的，有别人告诉我的，这些方法包括每次经过镜子的时候给自己一个吻，同时重复一个咒语“我很特别”；带着一个纽扣，上面写着“我很可爱，也很有能力”；一天拥抱12次；通过别人证明我很能干；改变自己的发型；把自己的难题都写在一张纸上，然后把它扔进垃圾桶；花2 000美元参加一个为期一周的重建自己内心的集中训练。这些都没有意义。

甚至有些愚蠢的活动在整个20世纪90年代都在持续进行。但是自尊运动却慢慢失去它的光泽，我们更多地开始转向赚钱，这才是让很多人感觉更好的方法——这样他们会拥有更多的东西。10年前，临死前拥有玩具量最多的人是非常出名的。现在许多人开始混淆自尊与自私这两个概念，这可能是因为厂家和广告商不断地提醒我们要对自己好一些，这是我们应该得到的。

是不是听起来我像是反对追求自尊？答案当然是否定的。实际上，我百分之百支持这项运动。我不支持的是这种运动的形式。它的本意是好的，但却偏离了正轨。很多人根本不理解自尊为何物，它是怎么获得的。有很多人利用人们的这种困惑挣了一大笔钱，他们不仅毁了这项运动，而且使它变成了一个滑稽的东西。年轻人无论做了什么事别人都会说做得很好，而不管它是好是坏。这不仅是错误的而且是有害的。全美国的老师都在带学生玩“让感觉良好”的游戏，希望以此增强学生们的自尊。但实际上他们所做的只是让孩子们建立一种错误的认识，让他们认为真实世界就是这样的。

假自尊？真自尊？

有一次，我参加了一个州政府举办的有关自尊的会议，其中一位主要演讲人是比尔·荷宁（Bill Honig），他是当时非常受人尊敬的加州公共教育部门的负责人。他没有作“你可以让所有的学生都感觉良好”这样一个标准的、鼓舞人心的演讲。他诚实地与在座的数千名教师分享了他所关注的是自尊本身及其在学校中的地位。他说自己全力支持帮助学生们建立自尊，但他更为关注的是他称之为的“假自尊”。“你可以一直告诉一个孩子他很棒，而无论他是否真的很棒，这的确会让他感觉非常好。但当他真正踏入社会后，仍然期待同样的事情发生时，他就会感觉备受打击。”荷宁先生强调增强学生自尊最好的方式就是教给他可以完善自己能力的方法。

终于有人认识到事情的本质。演讲结束后，我真想跑上前去给他一个拥抱。但是我控制住了自己，只是简单地与他握了一下手。我很幸运有机会与他进行一个简短的对话，我问了关于“假自尊”这个问题，我与他有同样的想法，而且非常高兴能有像他这种身份的人关注这个问题。他说：“我非常希望这些好心的老师中有更多的人明白，如果我们给了孩子们成功所需要的技能和态度，那么他们自然会建立起自尊的。”

那么，什么是真正的自尊呢？在所有见过的关于自尊的定义中，我认为最好的是由丹尼斯·韦特利定义的，即我在本章开头使用的。我喜欢其中“内心深处”这个短语。真正的自尊是一种感觉，是他人无法给予的。它是我们对自己的一种真正感觉，即使没有其他人在身边也同样能感受到。如果自尊是真的，它一定是发自内心的。“尊重”这个词本身就意味着“欣赏其价值、十分尊重、真诚地尊敬”。自尊是真正地自我尊敬。

自尊是我们如何真正地感受自己，而不在意别人的看法。我们如何看待自己与我们的性格发展有很大关系。加州自尊研究小组（the California Task Force on Self-Esteem）是由一群定期会面的志愿者组成的团队，他们花费两年时间完成了一份报告，在最终报告里他们着重强调了个人责任和社会责任。只有当我们的行为是积极的且我们可以完全对它负责任的时候我们才会感觉良好。从根本上说，个人性格的发展既是一种选择也是一种责任。别人可能会帮助或者阻碍，但只有我们自己才能建立自己的品质，在这基础上，我们决定自己自尊的水平，这完全是一项内心工作。

从依靠到独立

我们生命中有一段时期，自我形象和自尊都是由别人决定的。小时候，我们的生活是由父母和其他大一些的孩子主导的。无论好消息、好形象，还是坏消息、坏形象，我们通过从他们那里得到的信息来认识自己，重要的是，在小时候，我们会对听到最多的东西有反应。我们对自己形成了一种印象，并产生与此相对应的情感，逐渐地，我们会变成我们被告知的那个样子。

但关于自尊，需要理解的最重要的事情是，随着年龄的增长，我们必须学会自己思考。我们需要意识到，我们有权选择对从别人那里得到的信息作出什么样的反应，(第四章)。艾莉娜·罗斯福（Eleanor Roosevelt）曾经说过："没有你的同意，没有人能让你感到自己卑鄙。"我想补充一下，那就是，没有你的同意，没有人能让你感到任何感觉。

只有我们对自己的感觉才算数。无论小时候我们是正确对待还是错误对待，从现在起，我们自己对自尊负责。

不要误会我，我并不是说比起自己的感情，别人的都不重要。每个人都应该时刻记住有人爱我们、欣赏我们、重视我们。我们也需要拥抱，受到别人的肯定不仅仅是必要的，也是非常美妙的。这就是我写第十章的原因。但我们不能坐在那等着别人来称赞我们，以使我们感到高兴。即使没有别人的夸奖，我们也应该做一些事情使自己感觉良好。当这种感觉来临时，它证实了我们已经有过的感觉，这就是最大的奖励。

别人可以做很多事使我们感觉很好。但是最终我们如何看待自己仍然取决于我们所做的和我们所想的。真正的自尊是我们从自身获得的一种尊敬。

自尊的构成要素

我仍然记得有许多年自己的自尊心很低，虽然我工作非常努力，也在我的事业中取得了很大成绩，在生活的其他一些领域也取得了一些成功。但不知道为什么，我仍然不喜欢或不尊重自己。最终我发现，只有辛勤工作和成功的事业是不够的，我忽视了一些重要的组成部分。因为我没有合理安排自己的生活，所以才会感觉这么不舒服。这就像要开一把密码锁，除非有所有的号码，否则就打不开。

最后我发现了自己缺失的部分，在这之后，我的自尊心有了显著提升。既喜欢自己又尊敬自己真的是一件很美妙的事情。我猜自己一定是一个比较笨的学生，因为我花了很长时间才懂得这个道理。但现在懂得比永远都不懂要好很多。有些人一直没有懂得自尊是由几部分组成的。这对应了我写这本书的几个理由：（1）我希望帮助别人发现自尊的构成，非常希望人们能比我用更少的时间；（2）我认为现今这个以自我为中心的社会不断向我们提供错误的信息；（3）我们需要知道如何区分自我崇拜和自尊；（4）我相信为了获得成功和赢得自尊，我们每个人都有无穷的潜力。

实际上，自尊的组成成分非常简单，问题是有不同想法和动机的人们看法有很大不同，这让它看起来比实际要复杂得多。例如，很多人因为要卖他们的产品，所次会说一些支持这种方法的言论。但是，自尊是我们花钱买不到的。我们不能追寻它，寻找它，发现它。而且正如我之前所说的，我们不能从他人那里获得它。真正的自尊是一种副产品。只要我们做正确的事情，想法正确，那么我们就会很自然对自己产生一种良好的感觉。无论那些自封的专家说些什么，自尊本质就是一个自然的过程。

如果你能够在以下四个人生方面始终如一，那么就会有很健康的自尊。它将会是你的终身伴侣。

（1）善良。如果一个人很吝啬、自私或者麻木不仁，那么他不可能会对自己产生良好的感觉。我们如何对待别人有一种镜子效应。他总是会反射回我们身上。我们对别人越好，那么我们对自己感觉就会越好。我们越多地帮助和认可别人，我们就会成长地越快。记住，好人把他们的生活建立在自尊的基础上。(第八章)

(2) 诚实。我从未读过关于诚实和自尊之间关系的文章，但我敢肯定诚实一定是自尊的必要成分。你可以参加现在举办的任何一个自尊课程，但如果你不诚实的话，你就没有权利对自己产生良好的感觉。而且我相信你也不可能对自我感觉良好。正直是自尊的基石，一旦你拥有它，那么你就会受到他人和自己的尊敬。记住，诚实仍然是最好的策略。(第九章)

(3) 勤劳。中世纪的“七宗罪”中有一条就是怠惰，意思就是懒散或懒惰。我的儿子把那些成天坐着什么都不做的人称为“寄生虫”。我觉得这是一个非常贴切的词。如果你是一个“寄生虫”的话，那不可能会对自我感觉良好。我们应该勤劳，要学习、计划、收获，这些会帮我们产生自尊。记住，没有任何东西可以代替辛勤工作。(第十三章)

(4) 积极。如果我们满脑子都是消极的思想，那么我们不可能感觉良好。如果我们想要尊重别人，那么一定要诚实。如果我们想在生命中获得一些东西，那么我们需要为自己加分。有一个好的态度是非常有益的。记住，态

度是一种选择，是我们面对的所有选择中最重要的一个。（第五章）

自尊是你来自自身的名声。

——布莱恩·特雷西

第十七章

大脑和精神如同身体一样，也需要营养和锻炼

人的身心健康，取决于心智、身体和精神的和谐统一。

——卡尔·所罗森博士（Dr. Carl Thoresen）

人生是一个平衡的行为

几千年前的中国人和之后的希腊哲学家都从三个角度考察生活：身体、头脑和精神。虽然他们并不是用相同的方式去理解这三者，但他们都同意这三者的存在，而且都认为这三者同等重要。他们也都认为当我们学习如何平衡三者之间的关系的时候，我们的理解力会不断提高，我们会变成一个更为完整的人，更充分地享受生活。但当今时代，在这个三维的世界里，无论老幼，很多人都安于在一维或者二维的空间中生活。

这是因为在通往 21 世纪的路上，伴随着一个又一个的科技奇迹，生活中三维空间的界限越来越模糊。我们现在所生活的高科技世界允许我们以令人眩晕的速度去任何地方、获得任何想要的东西和信息。虽然这看起来非常奇妙且令人兴奋，但却有一种退化的趋势，那就是我们对这种不可思议的快节奏和现代生活的舒适越习惯，我们就花越少的时间去思考。虽然电子设备帮我们思考会更简单，但它最终却会使我们停止探寻生活的意义是什么。

幸运的是，历史的教训以及古代哲学家的思想仍然与我们同在，现代的思想家建议我们应该更多地关注过去留给我们的伟大精神遗产。而将身体、头脑和精神三者保持平衡这一古老的教义比以往任何时候都更有意义。我们发现，无论科技多么进步，它也不能创造幸福或成就。

爱惜身体

身体是生命的载体，为生命而组织，这是它的本质，让生命在身体里持续下去。

——里奥·托尔斯泰（Leo Tolstoy）

几年前，我在一家商店里见到一个人，他身穿的一件运动衫上写着："如果早知道自己只能活到现在，那么我以前一定会好好照顾自己。"我禁不住笑了。我找到一个近一些的地方观察他，我们差不多年纪，他微胖，带着一点倦容，而且我觉得他很有可能昨天喝过酒。我想他真应该嘲笑自己，因为他自己都没有善待身体。但我怀疑这句话的确透露了他的心声，或许他真心希望能把自己的身体照顾好。

我们比历史上任何时候都更明白爱惜身体的重要性。我们拥有了很多关于营养和锻炼的知识，这些在十年前都不存在。我们也参加各种健身项目。老老少少都越来越关注自己的饮食，变得越来越爱运动，他们变得寿命更长、身体更健康，生活中收获也更多。

身体健康改革是我推荐的少数几个流行趋势中的一个，并应该持续下去，而不是一时流行。对于身体健康改革，公众都已有所了解，关于这方面的信息可获得的也很多，在这里我就不再赘述。我觉得也不需要再跟读者说香烟、毒品和酒精的坏处。我相信读过类似本书的人都会明白这些。他们都希望成功地生活，而且也知道一旦这样对待身体是不能达成这一目标的。

关于身体健康我只想说两点。第一，它可以让你认清身体的重要性，虽然它不是你最本质的东西，但它却是本质的载体。当你得到自己的第一辆车的时候，如果有人告诉你一生中只有这一辆车，它要陪伴你终生，我想你一定会非常爱惜它的。我们的身体就是如此。如果能够好好照顾它，那么它会运行得更好，时间也会更长。

第二，虽然使身体保持一个良好的状态非常重要，但是没有必要与其他人相比。我们不需要有像运动杂志封面模特那样强健的身材，或者像运动画报里的游泳健将那样的出众身材。我每天都会训练举重，但我永远也不可能有阿诺德·施瓦辛格那样的身体。就像每个人面孔不同，我们的身体也有很大不同。关注别人身体长得如何或者运行得如何，丝毫不会提高我们的生活品质，我们还是照顾好自己的身体吧。

关注我们的大脑

我们的大脑就像花园一样，如果不精心耕耘，就会长满荒草。

——欧文·G. 荷尔（Erwin G. Hall）

一个人如果合理搭配营养并参加锻炼，那么他的身体功能会更好，我相信没有人会不同意这一点。大脑如何呢？近年来，对大脑的保养没有得到对身体保养同样的宣传，但为了使大脑最大效率地运行，它同样需要营养和锻炼。如果我们不注意放什么进去，如何利用它，那么它就会开始停滞不前。

大脑食粮

如果你吃的是冰激凌、棒棒糖、甜甜圈、薯片和饼干，那么你的身体将会如何？如果你喝的全是软饮料又会如何呢？别误会我的意思，我并不是建议禁止所有这类食品。事实上，我就沉迷于这些“休闲食品”中的几样。但是任何人都不能做到只吃这些东西，而不吃任何包含身体需要的营养的东西。

如果你读的都是《国家问讯报》（*National Enquirer*）；看的电视剧都是肥皂剧、摔跤、脱口秀节目；听的都是说唱歌曲和重金属音乐；看恐怖、沉闷的、木讷的电影，那么你的大脑将会是怎样运行呢？我没有谴责其中任何一个，但假使这些是唯一进入你脑子的东西的话该怎么样呢？你的大脑将会变得贫瘠。大脑也需要营养的滋养。

大脑锻炼

如果你是一个成天待在沙发上看电视的人，如果你的主要活动就是吃饭睡觉，如果你的生活目标就是变成一个彻底的懒汉，那你的身体将会怎样运行呢？肌肉不使用的话会萎缩——它们会一点点萎缩。

如果你大多数时间总是保持中立；如果你认为学习是一个卑劣的词；如果虚度是你精神鼓励的方法，那么你的大脑将会如何运行？如果头脑不使用的话也会萎缩。

很明显，我给出的例子都是很极端的。许多年来，我在给学生讲课的时候就举出这些例子，虽然他们总是哈哈大笑，但却有助于他们形成自己的看法。在一节实践课之后，一个成年学生对我说："做这些实践我非常高兴。我们应该关注每天进入大脑的那些垃圾信息，在我们没有意识到的情况下这些信息就进来了。"这一点很重要。

广告业使我们变得冷漠，新闻媒体业告诉我们世界上所有的事情都错了，娱乐业给了我们一堆垃圾，我们身边的人都在不停地抱怨，这都不是健康的大脑食粮。但是不要忘记，生活在于自己的选择。我们可以就像选择吃什么食物那样，选择哪些东西可以进入我们的大脑。我们不能控制所有垃圾，但我们可以更多地了解它，学会筛出其中的大多数。

我们还可以养成确保让健康的信息进入头脑的习惯。一位上年纪的非常有智慧的朋友告诉我，从很多年前开始，他每天都以一些积极的信条开始一天的生活，每天早上他都会留出时间读一些积极的、发人深省的东西。他说这不仅帮助他关注生活中美好的东西，也会帮助他清除很多负面的东西。不久之后，我也开始像他一样做。猜猜怎么样？这很有效果。这可能是我最好的习惯。

对于大脑，我们要作出两个重要的选择：

1. 我们让什么东西进来
2. 我们如何利用它们

我们可以通过有选择性地读、听、看，然后决定哪些东西可以进入我们的头脑，可以通过选择决定我们与哪些人交往。我们可以利用头脑去思考，解决问题，学习，以及进行创新。有人曾经说过浪费大脑是一件很糟的事情，为什么每个人都想浪费这个奇妙的东西呢？当大脑能够被好好滋养，有建设性地利用的时候，它既可以帮助我们感激生活，也可以让我们更完整地生活。

关爱我们的精神

在生活的书架上，上帝是一本始终在手边的参考书，非常有用但却很少向他请教。

——达格·哈马舍尔德（Dag Hammarskjold）

生活最初的两个维度——生理和心理是很容易理解的。他们非常明显，因为我们每天都在使用身体和大脑。但理解我们的精神本质却没那么简单。首先，它很不明显，很多时候我们没有意识到它。其次，精神这个词，对于不同的人意味着不同的事情。

正因为如此，你更应该知道自己来自哪里。我尽了最大努力去解决生活中精神世界的问题，因此我接触过很多领域。在不同时期，我曾经是一个不可知论者，一个天主教徒，一个无神论者，一个人本主义者，一个新教教徒，或一个混合了一些伟大的宗教的人。我研究过犹太教、伊斯兰教和印度教，曾花了一年时间致力于冥想。在其他时候，我相信的东西仅仅与我遇到的最后一个有魅力的女人一样。但这样仍然不起作用，因此我继续探寻，不断放空自己的思想，接受新的事物。

这些思考将我带到了哪里呢？它把我带到了基督教义面前。在39岁的时候，我成为了一名基督教徒。这一变化深刻影响了我的生活。直到今天，我仍然吃惊于支离破碎的生活最终是如何聚集到一起的。虽然我不能够完全解释它，但我相信是万能的上帝创造了宇宙，他希望与我们每个人保持一种亲密的关系。每天我都会祈祷，经常参加教堂活动。我研究《圣经》，并试着将其中的教义用到自己的生活中。我相信有天堂这个地方，也希望有一天我能够到达那里。

但你也要知道我并没有把自己当成一个圣徒，我也并不神圣，不能回答所有问题。我还不能每次都成功运用《圣经》的原则，也不会去问别人他们是否得救或是获得了重生。距离完美我还有很漫长的路要走，但我在不断进步。而且我不介意承认自己需要上帝的帮助以使我不偏离正路。

我意识到很多读者没有与我相同的信仰。但这并不是问题。有很多年，我在洛杉矶大学教授一门叫做“世界宗教”的课程。这一经历和我对内心平静的研究，使我非常尊重别人的观点。我自己信奉的一个基本原则就是不要对别人作出判断。此外，我不是专门为与我有同样信仰的人写的这本书，而是为所有希望能最充分利用他们生活的人。我并不是说为了得到幸福，你一定要相信我所做的，而是你可以通过探索和开发你的精神本质来最大限度地丰富你的生活。

戈尔巴乔夫在20世纪90年代早期给予了苏联人民宗教自由，他说是因为在其他国家的所见促使他这样做的。他说那些实践他们的信仰、以自己的准则生活的人们似乎能够更深一层地享受生活。苏联用了75年的时间才得出了这个结论，而我用了35年，我希望你可以花费更少的时间明白这个道理。

为什么我们的精神本质经常被忽视

一些最常见的原因可以解释为什么人们避免与精神和宗教有联系：

- 缺乏相关的体验或者知识
- 之前有过不太好的经历（例如像个孩子一样被拖到教堂）
- 事情正在变得好起来，没有必要再做这些
- 不要相信上帝
- 相信上帝，而不是相信一个有组织的宗教

- 不要相信那些去教堂的人的善行，他们都是伪君子
- 电视布道人很讨厌，他们也是骗子
- 教堂很无聊
- 上帝（或者宗教）是对现实的逃避

我不仅听到过所有这些理由，我自己曾经用过其中的大多数。在这里，我的目的并不是反驳它们，实际是想阐述最后一条理由。

变得更完整

我们变得越完整越综合，我们就会对自己、对生活感觉越好。使我们变得完整的一个重要步骤就是摆脱那种旧有的观念，这种观念认为与上帝有关的一切都是对现实的逃避，或是企图找到简单的方法。我认为事实恰好相反。探寻精神的本质是使我们变得完整的运动，而不是背离这一目标。而且这一探寻过程没有那么容易。比起迷失精神本质来，探寻我们灵魂的深度要难得多。一种简单的方法就是忽略上帝的存在，拒绝所有那些简单解释为何上帝不发挥作用的宗教。在《少有人走的路》这本书中，斯科特·派克说道："……精神的成长过程中需要勇气、积极和独立的思想与行动。"他补充到，这一过程常常会让人

感到孤独和困难，因为我们生活在一个需要快速给出简单答案的社会，即便对于生活中最复杂的问题也是如此。但生活是困难的，对精神的探寻就是困难其中的一部分。

《没有人是一个孤岛》（*No Man Is an Island*）是对我的关于生活的精神部分思考有深刻影响的一本书，它的作者是托马斯·莫顿（Thomas Merton）。我是在感到混乱与空虚的时候第一次读到这本书的，它帮我明白了自己为什么会这样。丹尼斯·韦特利指出在生活中，我们经常只关注物质带给我们的一时的满足，而忽视了我们的精神本质。因为精神是我们既看不到又摸不到的东西，所以我们认为它并不是真实的。丹尼斯·韦特利认为事实刚好是相反的，他把精神生活看作我们追求真正自我的一部分。精神会在物质的东西失去意义的时候支撑我们，给我们以希望。丹尼斯·韦特利帮助我意识到自己需要将精神生活整理一下，直到它变得完整。

达格·哈马舍尔德是诺贝尔和平奖获得者，于 1953 至 1961 年担任联合国秘书长。他写到，对上帝的追寻不是一种逃避而是一种完善——这是真正理解生活的唯一方法。他感到与上帝的联系对我们克服自身狭隘的私利非常必要，也能帮助我们掌握成为一个完整的人的知识。与上帝有了联系之后，我们也开始为他人而活。我们这样做是为了拯救我们的灵魂和我们的自尊。

我意识到这是非常重要的东西，尤其是在你从未好好考虑过自己的精神生活的时候。离开这个话题可能会更容易、更安全，但这真的很重要，如果我没有接受这一点，我也就不会真实地对待自己。我想督促读者们最大程度地完善自己，就像我督促自己的学生那样。我认为如果生活中精神的部分被忽略，那么一个人不可能完善自己。但我并不需要一定这样做，因为有史以来人类最有价值、最实用的智慧都在神圣的历史书中有记载。千百年来，这些书已经帮助很多人懂得了在精神完善、人性和所有的福祉之间有一种联系。

就像身体和大脑需要滋养和锻炼，精神也是一样的。精神可以通过探寻生活中最困难的问题得到滋养，就像：我是从哪里来的？我为什么会在这里？我将要去哪里？在寻找答案的过程中我们不仅可以充实和发展精神本质，也会对生活和我们自己有重要的发现。其中一个就是经受时间考验的诚实和善良的价值观，它们是所有精神教导的核心。没有比这更好的锻炼精神的方法了。

那些精神得到最好成长的人是生活的专家。然而，还有另外一个快乐，甚至是更重要的，那就是与上帝交流的快乐。

——M. 斯科特·派克

第十八章

失败了也没什么

——每个人都会失败

如果你愿意接受失败，从中学习教训；如果你愿意将失败看作乔装的祝福，愿意重新振作，那么你就获得了一种最有力的驾驭成功力量的潜能。

——约瑟夫·舒格曼（Joseph Sugarman）

每个人都会经历失败

最后，我开始探讨失败主题。我是这方面的专家，然而，我并不孤单，因为每个人都会经历失败，不是几个，也不是大多数，而是所有人。可以问问你认识的最成功人士，看看他们是否在什么事情上失败过。这时你可能会得到两种回答。第一种是得到一个微笑或一声大笑；第二种会得到一个问题，例如："你愿意听听我哪一件失败的事情呢?"失败是生活中无法改变的事实，是任何人都不可能逃脱的必要部分。重要的不是我们失败了，而是我们是怎样失败的。成功者与失败者之间的差别不在于他们失败的次数，而在于他们失败之后是怎样做的。

两次有名的失败

我 12 岁的时候开始阅读传记作品。成为大学一名历史学专业的学生之后，这种习惯更加深了。直到今天我一直坚持读传记作品，因为我发现它们才是最好的成功题材书籍。但它们并不是仅仅关于成功，也会涉及失败。今天所有因卓越成就而声名显赫的人们都曾经品尝过失败的痛苦和失望。没有一个人不经历失败就能取得成功，关键在于他们是如何利用失败的。

两个最著名的失败的例子就是爱因斯坦和爱迪生，他们分别是最伟大的物理学家和发明家。他们在成名之前经受了多年的反复试验、错误、失望、沮丧和失败。如果当初他们不愿意从失败中学习，不能在逆境中坚持尝试，那么也就不可能取得今天的成就。这两位伟人失败的例子虽然不像他们的成就那样有名，但是却同样重要。

爱迪生为了寻找使灯泡持续发光的方法，试验了上万种不同的合成材料。当有人问他如何在失败了那么多次之后还能坚持，他回答说自己并没有把那看作失败。他说自己成功地鉴定出了数万种不合适的材料，每一次尝试都把他向成功拉近了一步。爱因斯坦被誉为有史以来最聪明的人，他曾说过："我夜以继日地思考，九十九次都是失败的，但第一百次我成功了。"

失败在尝试过程中是很自然的，很少有人能够在第一次试验时就成功。如果我们认为成功会一蹴而就，那会妨碍我们重新振作起来。只有在经历了时间累计、始终坚持和长期努力之后，成功才会到来。

爱迪生和爱因斯坦就是最好的例子。两个人都被誉为天才，但他们都不喜欢这个头衔。要知道，是爱迪生自己给出了我们那个著名的天才定义："天才就是百分之一的灵感加上百分之九十九的汗水。"在当今时代，对于很多人来说，如果他们不能取得成功，问题就在于他们不愿意长期坚持。人们都太急功近利，但成功很少是这样的，我们必须首先接受失败。

我们可以从失败中学到哪些东西

我将人分为学习的人和不学习的人这两类。学习类型的人关注身边发生的事情，他们用心去感受这些事情。他们不会在同样的事情上失败两次。当做某件事情收效甚微的时候，下次他们会做得更好更努力。所以关键并不在于你是一个成功者还是失败者，而在于你是一个学习的人还是不学习的人。

——本杰明·鲍伯（Benjamin Barber）

失败是生活中最伟大的老师。但前提是，我们选择从失败中学习而不是被它打垮。失败可以带给我们很多教训：

- **失败教会我们要谦虚。失败可以让我们直面自己的**

弱点，让我们知道自己并不是无所不能的。

- 失败教会我们改正自己的行为方式。它强迫我们审视自己正在做的事情，让我们有机会尝试一种新的方式。
- 失败让我们明白每个人并不会总是随心所愿，得到自己想要的东西。有时候，尽管我们尽了所有努力，结果仍会不尽如人意。
- 失败让我们认识到自身的力量。当我们经历挫折的时候，它促使我们深入挖掘自己的潜力。
- 失败让我们学会坚忍不拔。它考验我们在遭遇失败时是选择退出，还是选择变得更坚定，继续尝试。
- 失败教会我们即使失败了我们也能活得很好。失败并不可耻，可耻的是害怕从失败中站起来，重新开始。

我们还可以从失败中学到一个最宝贵的经验，那就是：失败可以让我们变得更加坚强。这是我在本书初稿的时候发现的一本书的主题，这本书是一部非常棒的作品，名字叫做《当聪明人失败的时候》（*When Smart People Fail*），作者是卡罗尔·海特（Carole Hyatt）和琳达·戈特利布（Linda Gottlieb）。这本书的作者自己经历过挫折，也成功地克服了挫折，但他们想知道别人是怎样应对失败的，因此他们采访了将近二百个人，其中不乏很多非常有名的人，这些人都遭受过很大的挫折。很多时候，阅读别人失败的经历并不是一个积极的体验，以前的确如此，但这本书却不是充满忧伤的，它反而让人感到充满希望。我发现自己深受鼓舞，它让我意识到自己并没有忘记过去犯的错误，而且让我关注于自己从这些失败中学到的教训。

这本书一个非常重要的观点就是：大部分人都没有意识到潜藏在我们失败中的就是成功的动力、力量的源泉。我们经常看不到失败带来的益处。我们应该认识到失败一点都不可耻，尤其是在年轻的时候。当意识到我们不仅可以从失败中存活下来，而且可以更好地成长的时候，我们就会获得真正的力量源泉。基思·瑞姆斯特码博士（Dr. Keith Reemstma）是海特和戈特利布众多采访对象中的一位，他是一名医生，多年来一直致力于找到治疗糖尿病的方法，但始终没有成功。那是什么支撑着他一直继续的呢？

“我从来没认为自己所做的是失败的，”他说，“因为这只是一个还未完成的实验。我一直牢记自己的目标，每一次实验都告诉我自己哪里做错了。”这是一种多么伟大的态度啊！这种精神就像爱迪生。意识到自己能够克服失败可以让我们变得更坚强、更聪明、更坚定，而且它会给我们带来希望。

失败给了我们选择的机会

问题并不是我们是否会失败，因为我们每个人都是一样的。关键在于我们是怎样失败的。我们有两个选择：

（1）错误的失败

面对失败的时候，我们经常犯两个错误。第一个就是我们会竭尽全力去避免失败。如果害怕失败，我们就会选择做不需要承担太大风险的事情。然而，风险是实现成功重要的一部分，也是帮助我们成长的一个必要条件。马瓦·科林斯（Marva Collins）是芝加哥一位非常出色的教师，已经帮助上千个孩子克服了他们的恐惧。他有一句非常喜欢的谚语，那就是：“如果你连错事都不会做，那么你什么也做不了。”如果我们不愿冒失败的风险，那么我们就不配获得成功。成功不会自己送上门来，我们一定要走出去才能够获得它。这就需要我们再勇敢地往前一些。不去承受可能失败的风险就是最糟糕的失败。

第二个我们常犯的错误是让失败打垮我们。失败后，我们变得生气、沮丧、失望、气馁，而且我们经常会就此放弃。并不是说有这些感觉不对，在遭遇了巨大的失败之后有这些感觉是很正常的。但是这些苦难不应该打垮我们。失败应该帮助检查我们制定的目标是否合理，也告诉我们如何从失败中站起来。

（2）正确的失败方式

在本章的第一页我曾说过，我们的成功很大程度上取决于面对困难时我们如何做。有三个建议也许可以帮助我们更好地对待生活中的失败：第一，找一个你认为很有智慧的人，把你的情况全部告诉他。这样你以一种健康的方式释放了自己的感情；你会发现你的朋友从失败中学到的东西；你会很安心，因为你知道了并不是只有你自己失败过；你会鼓起勇气，重新振作。第二，让一切重新开始。实际上，我是指你需要坐下来写一些东西：关于你过去做过什么，你感觉如何，你的目标是什么，你接下来要做什么。在写完这张纸之后你一定会感到很惊讶的。第三，读一读历史上有名的失败的例子。读一读那些人的故事，像林肯、爱迪生、甘地、马丁·路德、艾克卡等，能够让我们充满希望。

“在跌倒的地方爬起来”

在欧内斯特·海明威关于世界大战的著名小说《永别了，武器》接近结尾的地方，他写道：“这个世界伤害了我们每一个人，但随后，很多人会在受伤的地方变得坚强。”的确，这个世界伤害了每一个人，而且常常不止一次。但是，就像受伤的骨头愈合之后会变得更加强壮，我们也会在失败之后变得更加坚强。当然，这取决于我们的态度和选择，如果我们选择从错误中吸取教训，那么我们就会变得更加强壮，我们就可以纠正道路，重新再试一次。生活中的失败，虽然非常痛苦，但是这是我们最宝贵的学习经验，也是我们的力量之源。就像巴顿将军曾说过的：“成功的高度取决于你到达底部的时候可以反弹多高。”

不要害怕失败，不要再浪费精力去掩盖失败。从失败中吸取教训，然后努力面对下一个挑战吧！失败没什么，因为不经历失败人就不能成长。

——H. 斯坦利·贾德（H. Stanley Judd ）

第十九章

理解生活的本质，
生活才会变得简单

我知道一个很简单的秘密，那就是：那些最重要的东西用眼睛是看不到的，只有用心去“看”的人才能真正看到。

——出自《小王子》(The Little Prince)

安托万·德·圣艾克斯伯里（Antoine De Saint-Exuper）

几条简单的规则

几千年前，圣人孔子就曾经说过大意这样的话：生活其实非常简单，只有我们自己坚持把它变得复杂的时候它才会复杂起来。爱因斯坦，这位生活时代离我们更近一些的智者说：我们要知道，即使是上帝也一直采用最简单的方式。虽然我们生活的世界很复杂，但这并不意味着我们一定要过一种很复杂的生活。但事实却是我们经常这样做，我们花费了太多时间对抗生活中的复杂，却忽视了生活的简单性。

还是大一新生的时候，我遇到了哈尔·德胡里奥(Hal DeJulio)，他懂得如何使生活既简单但又能创造最大价值。哈尔·德胡里奥是我们一个事业有成的校友，很喜欢回母校访问。他是少数几个做事满怀激情的人。他脸上总是带着笑容，充满活力和激情，而且有着让人难以置信的积极态度。他就是一个精神的提速器：因为他一直很乐观，而且总是有好消息要说。我们成为朋友后，我对他越来越好奇。于是一天我问他："你是怎么找到这个方向的？你是怎么变得富有的？"他说他是在刚出校门的时候做生意就开始挣很多钱，当发现自己越来越身不由己的时候，他已经30岁了。挣的钱越多，他的生活发生的变化就越多。后来他发现挣钱并不是一切，他需要做一些事来保证自己一直有正确的价值观。

所以他抽出时间写了一张单子，上面列出对他重要的事情。最初，他的单子上列出了很多条，但随着他的思考越来越深入，上面的条目变得越来越多。最后，他把所列事情减少到了6条。他拿出钱包给我展示里面收藏的一张小卡片。他说："当把事情减少到6条的时候，我把它们写在了这张卡片上，标题就是'生活的简单规则'。我要求自己每天看一遍，要以它作为我后半生生活的准则。"他现在已经七十多岁了，但他仍然遵守着这些固定的、一成不变的原则，而且他仍然对生活充满激情。他并没有给我展示这张单子，但他已经鼓励我在毕业之前列出自己的单子！

我做这件事了吗？没有——我觉得每件事都在我的掌握之下，我没有必要这样做。但其实我做不到。因为当我39岁的时候，我却在问自己这个问题："什么是重要的？属于我自己的'生活的简单准则'是什么？"所以在事隔

22 年之后，我写下了自己的单子。我也把它缩减到 6 个。直到今天，我都还不知道我自己的准则是否与他的一致，但我猜他们至少是相似的。我的单子虽然没有放在钱包里，但我每天都要看。我要求自己要尽量按照这些简单的准则生活。你猜怎么着？它起作用了！而且它一直在发挥着作用。这 6 条就是你在前面章节已经读过的 6 条。

这就是我把生活化简到它本源的方法，这些方法只能用心去体会、去理解。

最基本的六条

1. 无论周围环境如何，选择一个好的态度。保持积极的人生观，常怀感恩之心。

2. 将你的生活建立在尊重的基础上。友善对待别人，要爱上帝，爱你的家人，爱你的朋友。发现人最好的一面，包括你自己的。

3. 让你的人生基石完整。要遵守这些规则，公平竞争，诚实对待所有事情。

4. 接受生活中的艰难与挑战。勤奋工作去完成你做的每一件事情。如果失败了，那么，请再试一次！

5. 对学习保持激情。对生活和世界发现的越多，你自己就会变得越完整和充实。请把学习当作你毕生的事业！

6. 享受生活。一定要记得你应该去玩、去享受快乐。最重要的一点是，你一定要保持笑容。

除非一个人能够理解这些简单的规则，否则他希望在参与到这个神奇的生活过程中得到满足的愿望不可能实现。

——奥格·曼迪诺（Og Mandino）

第二十章

最基本的原则是做一个好人

尽你所能去做你所能做的每一件好事。

——约翰·韦斯利（John Wesley）

做一个好人的简单理由

小时候，我的行为在感恩节过后就会变得好起来。圣诞季节到来时，大人们都会经意或不经意地告诉我们做一个好人是有回报的。那首熟悉的歌曲一遍又一遍提醒我们，圣诞老人就要来了，我们最好注意自己的一言一行，因为圣诞老人知道我们所做的每一件事，他甚至知道我们是否睡着了。而且更重要的是，他知道我们到底是不是一个好人。这一点是非常重要的，因为如果想在圣诞节的早上得到一个令人惊喜的礼物的话，我们就必须做一个好人。

在一年中剩下的日子里，还有另外两个理由督促我们一定要做一个好人。其中一个就是对惩罚的恐惧。如果我们把事情搞得乱七八糟，我们就要为此付出代价，这个代价可能是不允许参加自己喜爱的一项活动，也可能是挨一顿揍。有的时候是只有其中一个，而有的时候则是两个都有。

另外一个一定要做一个好人的原因很简单，那就是我们应该做一个好人。大人教导我们一定要遵守规则，要有礼貌，要尊重别人的财产和权利。这些不是要我们作出选择，而是必须遵守，甚至不可以对它有任何质疑。作为一个人，我们必须做一个好人。

以前那些做一个好人的理由与今天的有什么不同吗？有很多还是相同的，就像不管是不是在圣诞节，我们做了好事会得到回报、做了坏事会被惩罚，身边有很多东西提醒我们要做一个好人。因此，那些外在的因素，例如，对惩罚的恐惧、责任感的驱使都还是要做一个好人的理由。但是我们应该做一个好人，不仅仅只是有这些理由，还有另外一个更基础也更重要的理由。

做一个好人是保持情感和精神上健康最必要的因素

我们应该做一个好人。这看起来如此简单和明显，那么你一定在好奇我为什么要以这一点来总结这本书。然而我们最常犯的一个错误就是忽视生活中最简单也最伟大的东西。许多年来，我都在犯这样的错误。我花费了很长时间才认识到这个最简单的事实：在古老的美德与我们的健康和福祉之间有一种联系。可悲的是，太多人从来没有看到这一点。我希望你可以！而且我非常希望这本书能够帮助你做到这一点，因为这本书的每一页都体现着古老美德的本质。

我所说的古老美德是指什么呢？我是指要带着那种伟大的道德价值观生活，这种道德价值观自从上帝开创世界以来就一直在我们身边。这些历史悠久的价值观是给我们的生活带来秩序和意义的最宝贵的指导。这些价值观帮助我们成为注定要成为的那种人。带着这种道德价值观生活是我们可以与自己和他人和平相处的唯一方式。这就是为什么我们一定要做一个好人。

唯有良善和诚实的人生才能让我们内心深处感觉健康和完整。

——哈罗德·库西纳（Harold Kushner）

结论

大约两千年前，圣保罗（St. Paul）给他在斐立比公司（Philippi）的朋友写了一封信。他祈祷具有渊博知识和深刻洞察力的他们能够拥有爱。他还写道：“我希望你们能够始终辨认出最好的和最高尚的东西……我希望你们的生活充满真正的善良……”

我希望这本书能够帮你辨认出最好的、最高尚的东西——无论是在这个世界上还是在他人身上或者你的身上。我祈祷真正的善良充满你的生活。

致谢

任何人都可以写书，但只有具有洞察力和真心的读者才能够赋予它生命，给它意义，并传播它所承载的信息。我感到非常幸福，因为这些年我有很多这样的读者。我非常感谢他们对这本书的成功所做的贡献，也非常感谢他们丰富了我的生命。

鲁思·厄本（Ruth Urban），谢谢你！谢谢你从本书构思到最终定稿一直付出的努力。你既是我最好的老师也是我最好的朋友。我在这本书中传达给读者的很多经验教训都是从你那获得的，不是从你的话语中获得，而是从你的行动中获得。非常感谢你传授给读者的经验，以及你这种非常谦虚、无私的教授方式。

凯西·厄本（Cathy Urban），谢谢你从我开始写这本书就一直给予我的爱和支持。你身上有一个作者所需要的所有东西：一个温和的评论家，一个值得信赖的顾问，一个巨大鼓励的来源，而且，当我有需要的时候，还是一个能引起共鸣的听者。更重要的是，你是我最好的朋友。

汤姆·里克纳（Tom Lickona），谢谢你为品格教育作出的令人难以置信的奉献。也谢谢你为本书如此慷慨地分享自己的激情。你感动了很多孩子、老师以及家长，这可能远远超出你的想象。你对我的感动也是难以言表的。

提姆·汉瑟（Tim Hansel），你是少数能够一直寻找美的东西的人，非常感谢你教会了我这样做。你提高了我的生活质量，同时，也丰富了这本书的内容。一个伟大的老师影响力会万古流芳的。

拉斯・金沙（Russ Sands），谢谢你担当了每个人需要的朋友。你一直守候在我们身边，总是带来好主意或者灿烂的微笑。谢谢你一直支持这本书，而且一直向人们分享它的信息。

麦克・默里（Mike Murray），你是企业界第一个鼓励我将这本书带给更多读者的人，非常感谢你。语言有时候会有非常大的魔力，非常感谢你在 1996 年写给我的信，它改变了我的想法。你鼓励我寻找新的可能性，而且你也帮助我将它变成了现实。非常感谢你一直带给我新的想法，以及不断向大家介绍我的情况。

乔・杜尔普（Joe Durepos），你并不仅仅是一个出版商，能够在需要一个既有渊博知识并有丰富的图书市场经验的人时遇到你实在是我的一大幸事，非常感谢你！你既有上述才能，同时你还有敏锐的眼光，极大的热情，正直的品质以及诙谐的幽默感，是这些促成了我们的合作。你能够做我的代理人和我的朋友，我感到十分荣幸。

查理（Caroline Sutton and）克里斯（Chris Lloreda），谢谢你们证明了在纽约出版社里，一位作者与出版商可以合作得如此愉快。我非常享受我们的合作过程，也非常欣赏你们的专业精神，职业道德以及平易的态度。谢谢你们给予这本书的热情，并帮助我做了很多改进，让这本书能够进入一个更大的舞台。能够与你们合作我非常高兴。

自从这本书于1992年出版第一版以来，我已经收到了来自各个地方、各种行业的很多朋友的祝福，他们一直在帮助我传播这本书的精神。他们包括教育家、学生、商人、执法人员、囚犯、律师、家庭治疗师、记者、服侍的人和普通公民等。这个名单如此之长，以至于在这里我不可能列出所有人的名字，但我希望在这里能够表达我最深的谢意。我知道你们都希望世界变得更美好，能够成为其中一部分我觉得非常荣幸。